クライメット・ジャーニー

気候変動問題を巡る旅

蒲敏哉
kaba toshiya

新評論

はじめに

ジャーナリストの本分とは何か。社会や世界の問題を取材して記事にし、人々に広く伝えることで、その問題提起を皆で考え、世の中を良くしていくことだ。私は、約三〇年の新聞記者人生の中で多くの日々を環境報道に費やしてきた。

現代の環境問題は、たとえば日本では水俣病に代表されるように、企業活動から生み出された公害を起源としている。それゆえ環境問題は、企業側から一般に対立的な位置づけで語られることが多かった。今、気候変動（地球温暖化）問題はまさに、世界レベルでの最重要課題になっている。状況は深刻化し、地球温暖化の正確な情報、そしてこの問題の解決に向けた道標は喫緊に求められている。

かつて対立的な姿勢を取っていた企業も、環境問題を経営目標の基軸に置かざるをえなくなっている。それは、企業倫理の側面からだけでなく、世界の投資家が、様々な環境対策に取り組む企業を重視し始め、環境対策に無関心な企業を淘汰させるという流れが主流になってきたからだ。

二〇二二年二月二四日に開始されたロシアによるウクライナ侵攻は、戦争という最悪の環境破壊を招いている。人が人を殺すことで領土を奪う、第二次世界大戦以前の時代へと時計の針を逆戻りさせるこの事態は、日に日にエスカレートし、核が使用されれば人類もろとも一貫の終わり、という様相さえ呈している。少なくとも、天然ガスの世界最大の埋蔵国であるロシアの動向は、世界のエネルギー問題に直結している点で、新たな環境問題を作り出したといえる。

一方、石炭、石油、天然ガスなど既存の化石燃料に頼らない自立した再生可能エネルギーを増やしていく取り組みはますます盛んとなっており、今や世界的な潮流である。風力や太陽光をはじめとする再生可能エネルギーの主力化、プラスチックの代替製品開発、あるいは情報技術（ＩＴ）の利用によって私たちの環境行動やライフスタイルの変革につながれば、気候変動問題の解決に向けた大きな道標を未来世代に残せるかもしれない。

二〇二〇年に顕在化し、パンデミック（世界的大流行）を繰り返しつつ今も終息を見ない新型コロナウイルス感染症（ＣＯＶＩＤ－19）は、短時間で地球全体に広がった点で、人類の移動範囲の拡大が作り出した文明病ともいえる。また、もしこのウイルスの発生源が、人間を含む生物同士の捕食関係からくるものであったなら、それ自体が生物多様性のバランスに関わる新たな環境問題として位置づけられることにもなる。

私は二〇〇一年から環境省の担当記者となり（この年、省庁再編に伴い環境庁は環境省となった）、中日新聞社（本社・名古屋市）を退職する二〇二二年三月末まで足掛け約二〇年間、一連の国連気候変動枠組み条約締約国会議（ＣＯＰ）をはじめ、気候変動問題をめぐる様々な国際交渉の舞台を取材してきた。この間、二〇〇八年九月からの一年間はイギリス・オックスフォード大学ロイター・ジャーナリズム研究所のジャーナリストフェロー（特別研究員）、およびドイツ・ベルリン自由大学環境政策研究所の客員研究員として、この問題をめぐる国際交渉のあり方について研究し、二〇一〇年には国連生物多様性条約

第一〇回締約国会議（ＣＯＰ10・名古屋）も取材した。

　二〇〇九年一二月、デンマークのコペンハーゲンで国連気候変動枠組み条約第一五回締約国会議（ＣＯＰ15）が開かれた。同会議では、世界の平均地上気温の上昇を、イギリスの産業革命時（一八世紀）を基準に、今世紀末には全体で二℃未満に抑える「二℃目標」が合意されたが、二〇二一年一二月開催のＣＯＰ26（イギリス・グラスゴー）の成果文書では「一・五℃以内」とする「目標」が掲げられた。これは地球温暖化による危機的状況が今日、より深刻化していることを意味している。

　地球環境、そして私たちの生活環境は、産業化とＩＴデジタル化社会の出現を伴いながら、人類誕生以来の激変期に入っている。しかも、この激変は、人間活動そのものによって引き起こされた。私たちは、私たち自身と未来世代のために、この激変がいかなる人間活動によって引き起こされたのか、あるいは今も引き起こされ続けているのか、真剣に見極めていかねばならない。

　私は中日新聞社を退社した翌月、二〇二二年四月一日から岩手県立大学総合政策学部の環境政策および環境ジャーナリズム担当教員に着任した。

　この本には、一社会部記者として経験した様々な舞台と、そこでの学び、出会いが散りばめられている。そして今も私は、学生や地域の人々との交流を通じて「環境の学び」を続けている。本書が、自らの舞台と出会いをこれから作り上げていく若い方々に少しでも役立てられたなら幸いである。

　私自身のこれまでの取材人生を一つの「旅」と捉え、その足跡を硬軟織り交ぜながらまとめたのが本書である。地球規模の気候《クライメット》・環境問題を共に考えていくための、「クライメット・ジャーニー」の世界に皆さんを誘いたい。

クライメット・ジャーニー／目次

＊　本文挿入写真のうち、一〇四（下）、一〇七〜一〇九、一六一、一六二、一七七、一八〇、二〇三頁以外はすべて筆者が撮影したものである。

＊　本文行間に付した番号注は巻末に一括して収録した。

クライメット・ジャーニー

気候変動問題を巡る旅

第一章

コロナ禍がもたらした「三つの敵」の時代

本書34頁より

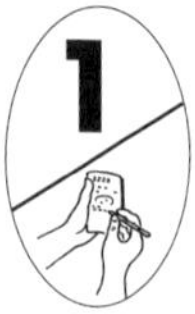

1 「コロナ」「温暖化」「放射能」の三重苦

私たちは、「新型コロナウイルス」「地球温暖化」「東京電力福島第一原子力発電所事故由来の放射性物質汚染」という「三つの敵」と戦わねばならない事態に直面している。いずれも消滅・削減が求められながら、それが極めて難しいのは、いずれも「目に見えない」敵であるからだ。もし見えていれば、対策はもっと効率的に進められるだろう。「三つの敵」は見えないがゆえに、人類に致命的な影響を与える恐れがある。

一方、同じ「目に見えない」ものでも、インターネットで構築された電子情報社会は、人類史上最大ともいえる恩恵を与えている。

禍福織りなしながら進むこの現代社会をどう「より良く」作り直していくべきか。私たちのライフスタイル、生き方そのものが問われる時代となっている。

「三つの敵」はどこからやって来たのか。それは私たちの「外」からやって来たのではない。新型コロナウイルスは「グローバル化」、温暖化は「産業の活発化」、放射能汚染は「原子力によるエネルギーの効率化」、つまり私たち自身の「内」なる欲望や利益追求がその発生元であり、災厄はその結果といえる。

この意味で「三つの災厄」は互いに密接に結びつきながら発生している。人類の欲望と利益追求が、結果的に災厄を生み出している。私たちはこのことにもっと自覚的であらねばならない。そうでないと根本的な解決に向けた論議は進まない。

二〇二〇年の春から続く新型コロナウイルスのパンデミック（世界的大流行）は、今現在も終息の兆しすら見えない。発生初期、米国のトランプ大統領（当時）は中国を感染源として非難した。露骨な非難の背景には、米中の貿易上の対立があった。世界保健機関（WHO）の分析では、新型コロナウイルスは、中国南部・武漢の野生動物市場が発生元として推定された（二〇二一年に行われたWHOの現地視察では何も特定されなかった）。

SARSという新型インフルエンザの流行時（二〇〇二年）も、中国で野生生物を食べたことが発生元とされたが、現代において、野生生物、特に希少種の動物を食するということは、生物多様性の観点から見ても避けねばならない問題だ。「食欲」という欲望は、とりわけ人類においては根源的欲望の最たるものだとしても、絶滅の危機にある希少種にまで食指を伸ばし、それがもとで、人類全般が危機に陥るのは業としかいいようがない。

ところで、探検家の角幡唯介氏は、二〇二〇年六月一二日の朝日新聞（朝刊）に、グリーンランドでもコロナ感染者が出たこと、そして計画していた犬ぞりでの「グリーンランド‐カナダ横断」がカナダ政府の入国禁止令により中止となったことを記している。これは新型コロナウイルスが北極圏にかなり近い部分まで死滅せず生きられること、つまり、そこまで地表の温度が高くなっていることを示している。

国連が事務局を務める国際的な組織、「気候変動に関する政府間パネル」（ＩＰＣＣ）は、地球温暖化が進めば、デング熱やマラリアなどの南方に限定されていた感染症も、北緯の高いエリアまで広がると分析している。新型コロナウイルスがグリーンランドまで達している状況は、地球温暖化の深刻さを示す象徴的事象といってよいだろう。

日本国内で三回目の緊急事態宣言が検討されていた頃、二〇二一年四月二二、二三日に米国のジョー・バイデン新大統領（同年一月二〇日就任）が「気候変動に関する首脳会議」（気候変動サミット）を開催した。これはインターネットでのオンラインサミットとなった。その直前の四月七日、菅義偉首相（当時）は、首相官邸に全国漁業組合連合会の会長を呼び、福島第一原発周辺の汚染水を海洋投棄する政府方針を伝え、一三日に方針通り決定した（本章8節参照）。

東日本大震災から一〇年を経たこの決定は福島の人々にさらなる打撃と苦痛を与えるものであり、日本の太平洋沿岸漁業への影響は計り知れない。放射性物質トリチウムが混入した汚染水を環境基準以下に薄めて海に流すというが、濃くても薄くても海に捨てられるトリチウムの量は同じである。

これでは何の問題の解決にもならない。東京オリンピックの招致演説（二〇一三年）で、安倍晋三首相（当時）は、「原発事故はアンダーコントロール（制御されている）」と世界にアピールしたが、政府のこの決定は、対策がまったく破綻していることを露呈させるものとなった。

私は東京新聞（中日新聞東京本社）宇都宮支局に二〇二〇年までの四年間勤務したが、当時、栃木県日光市の中禅寺湖ではニジマス（サケ目サケ科の外来種）に取り込まれた放射性物質の検出量が基準値を下回らず、持ち出し禁止になっていた。ニジマスは二〇二一年に解禁されたが、大型化するブラウントラウト（同目同科の外来種）は二〇二三年一月末現在、解禁のめどが立たないままだ。同じく、栃木県北西部の特定エリアでは野生キノコ類が基準値を上回り、食べることができなかった（二〇二三年一月末現在の今も続いている）。同県内では、採取禁止の地域から出荷された野菜が学校給食に出されて問題になったこともあった。二〇二二年四月から岩手県立大学に勤務しているが、岩手県南部エリアの野生キノコ、山菜類も同じ理由で今も出荷制限されている。これらは皆、「目に見えないものは常に私たちの目の前」にあるということを示している。

「コロナ」「温暖化」「放射能汚染」。目に見えない「三つの敵」は、私たちの生活を確実に脅かしている。「日々気にしていたらやっていけない」という正直な声も聴こえてきそうだが、気にしなければ「敵」はますます増殖し、私たちに総攻撃を仕掛けてくるかもしれないのだ。

2 グリーントランスフォーメーション（GX）

新型コロナウイルスのパンデミックにより、世界中の往来が著しく制限された。飲食店、美術館、スポーツ施設、学校等々、人間の外的活動もすべて厳しく制限された。これにロシアによるウクライナ侵攻が加わり、世界経済も地域経済も大きなダメージを被っている（金融経済が新たな長者を生み出す構造だけはまったく変わらない）。世界規模での人間の移動がパンデミックを生み、コロナ撲滅のための移動の制限が実体経済を圧迫するという悪循環。そこから抜け出す道を私たちは未だ見つけられないでいる。

この間に、日本でも他国に倣い、休業した飲食店などに給付金を出す財政支援がたびたび行われてきたが、財源はすべて国民の税金である。しかし、国民のための税金が然るべき支援に結びついているかは不透明だ。困窮者の根本支援に結びついているかどうかも甚だ心許ない。

一方、国連の「持続可能な開発目標」（SDGs）[1]の取り組みがこのところ脚光を浴び始めている。「誰一人取り残さない」というスローガンを掲げた一七項目からなるこの目標を、自社宣伝も兼ねて盛んに取り入れる企業も増えている。実際、貧困やエネルギー、環境問題をはじめ、SDGsに無頓着な企業は投資の対象から外されるという世界的な流れが生まれつつある。

コロナ禍による世界的な経済の低迷は、結果として工場の稼働率を下げ、二酸化炭素（CO_2）等の温室効果ガスの排出を削減した、という議論がある。航空機の減便もその要素の一つに数えられる。今後、経済を復調させる際には、人々の生活再建を最優先課題とし、企業活動の中に可能な限りCO_2を出さない施策を取り入れていくことが求められる。

環境行動を伴うこうした企業・経済活動の転換を「グリーントランスフォーメーション」（GX＝緑の変革。英語圏ではTransをXと表記する慣習があり、この略号が流布している）と呼ぶが、これは「省エネ」と「カーボンニュートラル」（CO_2の排出量と吸収量を同じにし、CO_2の排出量を全体としてゼロにすること）によって事業の拡大（つまり経済成長）を図るという、定義通りの単純な動機づけだけ推進されるべきではない。

二〇二一年四月二二、二三日に開催された米国主催の「オンライン気候変動サミット」で、日本政府は気候変動対策として、温室効果ガスの排出を二〇三〇年度に二〇一三年度比で四六％削減するという目標を表明した。背景には省エネ効果をもたらすとされる原発の再稼動への期待があった。CO_2を排出しない「クリーンエネルギー」としての原発の再稼動を、削減のための柱に据えた格好である。

関西電力美浜原発三号機（福井県）は二〇二一年六月に再稼働した。しかし、東日本大震災後の新規制基準で義務づけられたテロ対策施設が期限内に完成しなかったため、再稼働後、四カ月足らずで運転停止に追い込まれた。その後、二〇二二年八月、再稼働している（本書五〇頁参照）。二〇二二年二月に開始されたロシアによるウクライナ侵攻では、一九八六年の事故でメルトダウンを起こし「石棺」状態にあるチェルノブイリ原発や現役施設のザポロジエ原発がロシア軍によって占拠された。原発施設が軍事的な標的とされ、実際に攻撃される事態となった。

放射性物質の危険性は災害面からだけでなく軍事面から見ても明らかだ。原子力発電の導入を「グリーントランスフォーメーション」と位置づける日本政府の方針は誤っている。「グリーントランスフォーメーション」は、原子力発電に拠らず、太陽光発電、風力発電、バイオマス発電など再生可能エネルギーへと完全にシフトさせる形で実現させるべきである。

その実現のためには、まずは企業や自治体がそれぞれの戸建てやマンション、学校施設等の屋上に、太陽光パネルを積極的に設置できる環境を整備していくことが必要だ。また、大気中のCO_2を吸収し、ヒートアイランド現象（本書一六五頁参照）を緩和するための屋上緑化を推進していくとも重要だ（特に、ビル群の屋上で植物を育てる手法は、公園緑地の確保が難しい中、固定資産税の減免措置と合わせて進めれば、「都市の森林化」を早いペースで進めることができる）。再生可能エネルギーに基づく送電・売電システムの整備という課題もクリアしていかねばならないだろう。

ところが、現状はこうした真っ当な「グリーントランスフォーメーション」からは程遠い。「原発はCO_2を排出しないクリーンエネルギーだから、安全基準を満たせば温暖化対策になる」との理由づけが相変わらずまかり通っている。そのための巨額な費用を国の補助金（つまり私たちの血税）で賄い、巨利を得ている原子力関連企業、団体が依然として幅を利かせている。

巨利を生み出す原発には政治利権が常につきまとう。温暖化対策にほとんど無関心だった安倍晋三内閣と比べ、次の菅義偉内閣によるそれは、温室効果ガスの削減目標値で見る限り、極めて前向きな印象を与えた（二〇一三年度比の、二〇三〇年度の目標値は、安部内閣で二六％［二〇一五年七月時点］、菅内閣で四六％［二〇二一年四月時点］）。しかし、同時に動き出した原発再稼働の流れを見れば、温暖化対策という衣を着せた菅内閣の原発施策は、単に時計の針を逆回しにしただけの、「原発回帰政策」にすぎなかったといえる（本章8節参照）。

一方、各家庭や公共施設単位で設置が可能な太陽光パネルは、利用者の意志に基づく自家発電という意味で民主的なエネルギーといえる。これを増やしていくには、企業や自治体による後押しが必要だ。「グリーントランスフォーメーション」は、人々の生活に直結した民主的なエネルギー政策を軸に進められるべきだろう。

この点で、ドイツの取り組みは注目に値する。欧州ではその政治手腕から評価が高いドイツのアンゲラ・メルケル首相（当時）のもと、福島第一原発事故直後の二〇一一年六月に、遅くとも二〇二二年一二月三一日までに国内すべての原子炉（一七基）の廃止を決定した（二〇二三年一月現在、今回のウクライナ危機により、まだ完全廃止には至っていない）。しかも、メルケル政権は、温室効果ガスを二〇三〇年までに一九九〇年比で五五％削減する目標を「連邦気候保護法案」として閣議決定した（二〇一九年一〇月）[2]。さらに当時の野党で環境政党の「緑の党」も七〇％削減を選挙公約に掲げ支持を広げた（二〇二一年六月）。

二〇二一年九月のドイツ連邦議会（日本の衆議院に相当）の選挙では、メルケル首相の後任、オラフ・シュルツ首相率いる社会民主党が第一党となって、緑の党、自由民主党と連立を組んだ。連立協定書には、二〇三〇年までに電力供給の八〇％を再生可能エネルギーとすることや、同じく二〇三〇年までに石炭・褐炭火力発電所を段階的に廃止すること、そして欧州連合（EU）の欧州委員会による提案に対応し、二〇三五年までに合成燃料（E－Fuel）車を除くガソリン使用車の新規登録を禁止することなど、大幅な気候変動政策が盛り込まれた。副首相兼経済・気候保護相、および環境・自然保護・原子力安全・消費者保護相など四つのポストは緑の党が獲得した。

福島第一原発事故の直後、即座にエネルギー転換の舵切りを行ったドイツの英断は、事故を直接経験し、今も放射能汚染問題を抱えながら原発に執着しているこの日本に、極めて重要なメッセージを送ってくれているはずだ。

日本政府が推進する原発再稼動型の偽「グリーントランスフォーメーション」ではなく、民主的なエネルギーに基づく真の「グリーントランスフォーメーション」の考え方が広く認知され、実践へとつながっていけば、そのとき初めて、日本もエネルギー転換の王道を歩み始めたといえるだろう。

気候変動対策をめぐる国内・国際政治の実情については、本章4～9節以下で詳しく触れる。

3 米航空宇宙局（NASA）が警鐘を鳴らした温暖化問題

なぜ、地球は温暖化するのか。地球という惑星が宇宙に誕生して以来、地球はその全体が凍る全氷期も含め、温暖な時期と寒冷な時期を断続的に繰り返してきた。また、その繰り返しが海洋から生物を生み、植物、恐竜、人類と多様な生物相を地上に誕生させてきた。

今、問題になっている気候変動（地球温暖化）は、人類という動物が太古の動植物の化石化した鉱物（石炭）や液体（石油、天然ガス）を地中から掘り出し燃料として大量に消費し始めたことに原因がある。

化石燃料と呼ばれるこれらの物質は、非常によく燃え、燃える際に化学反応としてCO_2を発生させる。もっとも、CO_2は生物が呼吸するだけでも発生するし、人類が火を利用し始めて以来、木々などの植物を燃やすたびに発生してきたことも確かである。しかし、人類の火の利用が、食べ物を焼いたり暖めたりするだけであったなら、今のような地球規模の温暖化問題は生じなかっただろう。

一八世紀、イギリスで蒸気機関が発明され、石炭を燃やすことで爆発的なエネルギーが生み出されるようになってから、状況は一変した。人類（富を集中させることのできた国や地域に住む一握りの人類）は、昼夜間を問わず、快適で便利な生活を求め始めた。蒸気機関車の後は、モータリゼーションという車社会の到来、航空機による国際的な人の移動の活発化が便利な生活の象徴となり、大量の化石燃料を消費し、大量のCO_2を発生させてきた。

この化石燃料大量消費によって発生したCO_2と地球の気温上昇との因果関係を科学的に解明し、社会に訴えたのは米航空宇宙局（ＮＡＳＡ）ゴダード宇宙研究所の所長（当時）、ジェームズ・ハンセン博士である。

ハンセン博士は、ハワイ島の山頂付近の大気内CO_2濃度を測定し、一九八八年に米上院でその分析結果を報告した。この報告が同年、「気候変動に関する政府間パネル」（ＩＰＣＣ）の創設につながった。

こうした地球温暖化対策への先進的な研究が評価され、ハンセン博士は二〇一〇年、旭硝子財団から地球環境への国際的取り組みを称える「ブループラネット賞」を授与された。博士はこの年の一〇月、東京・青山の国連大学で講演し、地球平均気温の上昇には、不可逆的な（引き返せない）限界値を示す「ティッピング・ポイント」があり、わずかな気温の上昇でも地球の生命に壊滅的な結果をもたらすと訴えている。

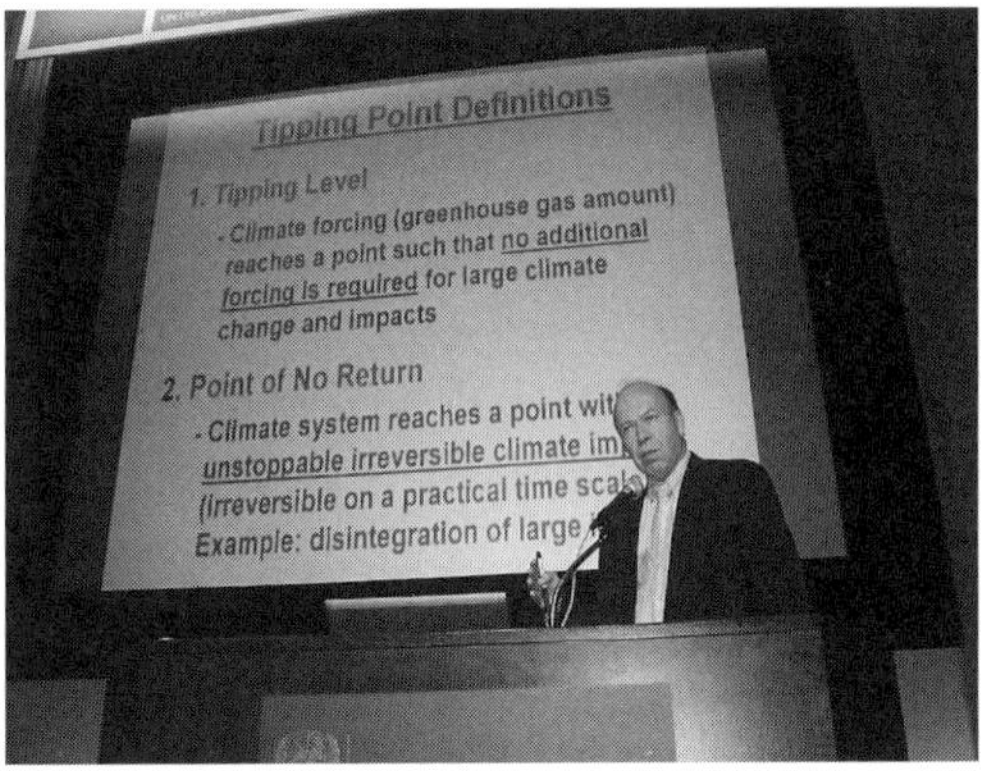

東京・青山にある国連大学で講演するジェームズ・ハンセン博士。地球温暖化対策の引き返せない「ティッピング・ポイント」を指摘した（2010年10月27日）

ＩＰＣＣは世界各国の科学者がそれぞれの気象解析データなどをもとに、地球レベルの気候の変化を分析・評価・将来予測する、国連に事務局を置く政府間機関である。一九九二年には、ＩＰＣＣの科学的知見に基づき「国連気候変動枠組み条約」が採択され、一五五カ国によって署名された。

この枠組み条約には世界のほとんどの国が批准している（二〇二二年一〇月現在、一九七カ国と一地域［ＥＵ］が締結）。二〇一五年開催の同条約第二一回締約国会議（ＣＯＰ21、パリ）で採択された「パリ協定」（後述）から一時期離脱していた米国も（本書五三頁参照）、枠組み条約自体から離脱したわけではないため、毎年開

削減対象となった「六ガス」の種類と影響

名称	対 CO_2 温室効果比率	大気に残る期間
CO_2	1	1000年
CH_4	25	10年
N_2O	298	100年
HFC	1430など	14年など
PFC	7390など	5万年（PFC-14）
SF_6	22800	3200年

＊地球温暖化への影響を、温室効果ガスごとに CO_2 をベースに換算。IPCC 報告書などをもとに作成。

CO_2（二酸化炭素）：石油や石炭などの化石燃料や可燃物を燃やすと発生する。

CH_4（メタン）：牛の反芻時のげっぷや水田、ごみの埋め立て地などから発生する。

N_2O（一酸化二窒素）：全身麻酔剤として使用。自動車の排ガスなど物の燃焼時にも発生する。

HFC（ハイドロフルオロカーボン）類：冷蔵庫、冷房機の冷媒（代替フロン）で使用。

PFC（パーフルオロカーボン）類：半導体基板を作る際や、洗浄剤として使用した際などに発生する。

SF_6（六フッ化硫黄）：電気機器の絶縁体などに使用される。

かれる締約国会議（COP）には必ず参加している。

　地球温暖化をもたらす気体は一般に「温室効果ガス」（GHGs：Greenhouse Gases）」と表記されるが、一九九七年のCOP3（京都）で採択された「京都議定書」（後述）の規定では、IPCCなどの見解をもとに、以下の「六ガス」が温室効果ガスの削減対象となった。[3] 化石燃料や可燃物を燃やす際に発生する CO_2、牛のげっぷや農作物の発酵などから出る CH_4（メタン）、自動車の排ガスなどから出る N_2O（一酸化二窒素）、エアコン・冷蔵庫・スプレーなどから出るHFC（ハイドロフルオロカーボン）類、半導体製造などから出るPFC（パーフルオロカーボン）類、そして電気の絶縁体の製造などから出る SF_6（六フッ化硫黄）の六つである。温暖化に影響を与えている割合としては、CO_2 が七割を占める。

また後者三つは、地球のオゾン層を破壊して「オゾンホール」を作る元凶とされるフロン類（CFC、HCFCなど、エアコンの冷媒として使われている）の一種でもあり、これらのガスについては「モントリオール議定書」（「オゾン層を破壊する物質に関するモントリオール議定書」一九八七年採択）においても削減対象に指定されている。

「CO_2が地球温暖化の主原因である」――この科学的分析に対しては、これまで米国のブッシュ（子）大統領やトランプ大統領をはじめ少なからぬ政治家が真っ向から異を唱えてきた。温室効果ガスは見ることができない。ゆえに、温暖化対策による自国経済の減速リスクを何としても避けるためには、温暖化人為起源説そのものを否定し、温暖化問題それ自体を政治問題にすり替えるという術策さえ生み出させてしまうのだ。「CO_2は本当に温暖化の原因なのか」「たとえそうだとしても、温暖化対策でCO_2は実際にどれだけ削減できているのか」――温室効果ガスを可視化できないことが、地球温暖化問題の解決を難しくしている根本原因ともいえる。

しかし、世界人口が八〇億を超え、世界の資源が枯渇化している今日、氷河の溶解、海面の上昇、森林の砂漠化といった地球温暖化を原因とする現象は、すでに世界各地で甚大な影響を及ぼしている。もはや温暖化の是非を議論している場合ではなく、世界全体が「やれることは何でもする」待ったなしの危機的局面に入っていることは間違いない。

ＩＰＣＣは二〇二一年に発表した第六次評価報告書の中で、欧州に広く蒸気機関が普及し石炭などの化石燃料が使われ出した一八五〇年から一九〇〇年の地球の平均気温を「基準年」（ゼロ年）とし、二〇一一年から二〇二〇年までの地球の平均気温を比較、この間に一・〇九度上昇したと分析している。今日の地球温暖化のスピードは、二万一〇〇〇年前の最終氷河期から次の間氷期までの約一万年間に示した同程度の気温上昇に比べると、約一〇倍の速さなのである。

今や人類の活動は、一握りの裕福な人間が「より豊かになる」ための飽くなき経済中心主義によって、その煽りを受けた人々の不幸を作り出しながら、地球とその生命が織りなす全体的活動を著しく破壊し続けている。何もやらないよりも「やっておく」ことが、私たち自身のため、未来世代のための最善の策だといえるのではないだろうか。

4 抹殺された京都議定書

私が「気候変動（地球温暖化）問題」という言葉を初めて知ったのは、一九九一年一月、名古屋市・名古屋国際センターで開かれた、環境庁（現、環境省）主催の「地球温暖化アジア太平洋地域セミナー」を取材したときである（当時の私は中日新聞社会部記者）。欧米先進国の代表者と、アジア・アフリカ諸国のいわゆる発展途上国の代表者が一堂に会し、この問題をめぐる現状、対策について真剣な議論が行われた。このとき私は、先進国側からの提言に対する途上国側からの激しい応酬を間近に見た。今や「南北問題」は経済・社会面のみならず、地球環境面にも広がり始めている。そうした現状を認識させられる場となった。

その後、東京新聞（中日新聞東京本社）の社会部記者として事件・事故の取材に明け暮れることになったが、どうしても環境問題の取材に取り組みたいという思いが募り、省庁再編により環境庁が環境省へと昇格した二〇〇一年を機に、同省の担当記者として新たな一歩を踏み出すことにした。

森喜朗内閣の時代であり、民間から選ばれた元経済産業省（経産省）の官僚、川口順子氏が初代環境相に就任していた。新生環境省の誕生を記念して、川口氏自らが憲政記念館から環境省の庁舎前を経て日比谷公園までパレードするなど、新鮮で華やかな雰囲気の中で私の新たな取材活動も始まった。

そんな中、環境省内で最も大きなニュースとなっていたのが、「国連気候変動枠組み条約締約国会議」（ＣＯＰ）の動向である。以下では、このＣＯＰをめぐる近年までの国際的な流れについて簡単にまとめておきたい（全体の主な流れについては、巻末収録の「年表・気候変動対策に向けた国際交渉の流れ」を参照）。

地球温暖化対策への初めての国際的取り決め「京都議定書」は、すでに一九九七年のＣＯＰ３（京都、一七五カ国と一地域［ＥＵ］が参加）で採択されており、二〇〇一年時の国際交渉はこの議定書の運用ルールをどう決めるかが主な議題となった。その前年、二〇〇〇年のＣＯＰ６（オランダ・ハーグ）では合意に至らず決裂状態にあったため、改めて二〇〇一年のＣＯＰ６再開会合（ドイツ・ボン）に議論が引き継がれることになっていた。[4]

当時、京都議定書は、地球温暖化問題に国際社会が取り組むための唯一の「約束」であった。この議定書では、温室効果ガスを、二〇〇八～一二年の「第一約束期間」内に一九九〇年比で「先進国」（「国連気候変動枠組み条約」が採択された一九九二年当時の経済協力開発機構［ＯＥＣＤ］諸国二四カ国と、ロシア・東欧などの「市場経済移行国」、およびＥＵ）がどれだけ削減可能か、その目標値が決められた（日本六％、米国七％、ＥＵ八％など）。加えて、排出量取引（排出枠取引ともいう）、クリーン開発メカニズム（ＣＤＭ。先進国・途上国間のCO_2削減プロジェクト）、共同実施（ＪＩ。先進国間の削減プロジェクト）といった市場システムに基づく三つの仕組み、いわゆる「京都メカニズム」が盛り込まれた。

「気候変動に関する政府間パネル」（ＩＰＣＣ）は、二一世紀末までに各国が十分な温室効果ガス削減を行わなかった場合、一八世紀の産業革命時と比べ、地球の平均気温は二℃度上昇し、結果、海面の上昇や農作物の適地北上、あるいはマラリアなどの感染症の拡大が世界に甚大な被害をもたらすと警鐘を鳴らしていた。ＣＯＰ３当時、各国の政府関係者はまだこの問題を今ほど重大な問題とは捉えていなかったが、それでも京都議定書は、先進国と途上国の主張の対立を残しつつ「温室効果ガスの排出責任は先進国にあり、途上国は守られる立場にある」との視点を共有する形で何とか合意に至った。[5]

ところが、この議定書はその後、様々な難題に直面することになる。まず、排出責任を先進国に限定したこの取り決めに、当時の最大のCO_2排出国である米国が異を唱え、二〇〇一年三月に同議定書からの離脱を表明した（オーストラリアもこれに追随し、同年四月に離脱）。

同議定書採択時の米国は民主党のクリントン政権下にあり（一九九三～二〇〇一年）、特に地球環境問題に熱心なゴア副大統領がCOP3の議論を主導していた。排出量取引などの京都メカニズムは主に米政府からの提案であり、温暖化対策をビジネス的側面から進める明確な意図を備えていた。しかし、その後誕生した共和党のブッシュ（子）政権（二〇〇一～〇九年）が、完全にこの議定書を否定した。排出責任を先進国に限定したこの議定書は不平等条約の何ものでもないと切り捨てたのである（そもそも地球温暖化の原因は本当に温室効果ガスによるものなのか、そういう懐疑的な立場をブッシュ［子］大統領本人や彼を取り巻く共和党、ガソリン産業は取っていた）。

すでに中国は一三億（当時）という人口を抱え、「世界の工場」として急成長を遂げていた。その中国が、議定書の中で「発展途上国」と位置づけられ、排出責任をまったく負わないことは、米国にとって最大の不満だった。また、米国経済を牽引する火力発電所、自動車、鉄鋼業等の産業界が排出責任を直接的に負うことは、国益を損なう極めて大きなリスクと受け止められた。

こうした米国側の認識に日本の経産省も同調的であった。産業界の育成を目的とする経産省にとって、京都議定書はやはり不平等条約として受け止められていた。議定書を採択したＣＯＰ３（京都）のホスト国・日本の責任者は大木浩環境庁長官（当時）である。経産省の幹部も議定書づくりの議論に加わってはいたが、会議の主導役はあくまで環境庁であったため、議定書に当初から反対していた経産省にとっては削減数値目標（日本６％）を無理に飲まされたという思いがあった。ただ一方で、CO_2を出さない原発の積極的利用を温暖化対策の切り札に使えば、大きなメリットを生み出せるとも感じていた。

いずれにしても、経産省の官僚たちの間には、京都議定書の批准に取りあえずは足並みを揃え（日本の批准は二〇〇二年）、具体的な運用ルールについては経産省主導で国際交渉に臨もうという強烈な意志があった。いや、交渉に臨むというよりも「ポスト京都」へ向けて、この議定書を一刻も早く破棄したいという姿勢が強かったといえる。[6]

さて、米国が離脱する前年に開催されたＣＯＰ６（オランダ・ハーグ、二〇〇〇年）は、すでに述べたように、京都議定書の運用ルールを決める会合となった。議定書自体は、法律でいえば法令という「骨」のようなもので、実際の運用にあたってはそのルールの細目を条文化して「肉づけ」しなければ、施策として動くことができない。ところがＣＯＰ６は最終日を経ても合意に至らず、「決裂」した。国連の重要会合で合意に至らないケースは極めて異例で、COP6の決裂自体が非常に大きなニュースとなった。

記者として実感するのは、ドル高是正が課題となった一九八五年の先進五カ国蔵相会議（G5）でのプラザ合意のように、世界が注目する重要会合は最大級のニュースとなるが、その重要性が認知されにくい会合の場合、たとえ守備よく合意に至ったとしても、ニュースの扱いは地味だ。

もしCOP6が予定調和的な合意で終わっていたなら、たとえば新聞でいうなら一面には載らず、中面で小さく扱われただけだったかもしれない。しかし、COP6の場合、この異例の「決裂」が、特に日本の新聞では「京都議定書存亡の危機」として一面トップで大きく扱われることとなった。国際交渉は揉めるほどニュースになる、ともいわれるが、環境省担当となった私が最初に遭遇した大ニュース、それがこのCOP6の決裂だった。

その翌年の二〇〇一年七月、COP6の仕切り直しとして開かれたのがCOP6再開会合（ドイツ・ボン）である。すでにこの年の三月、米国は再開会合を待たずに京都議定書を離脱していた。世界最大のCO_2排出国、米国が不在の再開会合に果たして意味はあるのか。そうした懸念が渦巻く中で、COPそのものが「協議のための協議」に形骸化してしまうのではないかと、今後の行く末が危ぶまれた。

COP6（オランダ・ハーグ）が決裂した大きな理由は、削減目標値の達成手法をめぐり、先進国間の合意が成立しなかったことにある。たとえば日本に割り当てられた削減目標値六％については、日本側は国内の植林・森林整備などによるCO_2の吸収源三・七％を充当することを求めたが、ＥＵや非政府組織（ＮＧＯ）からは「抜け穴」として反対された。また、先進国と途上国の間でも、目標値に充当するCO_2排出量取引の在り方をめぐり、一定の制限を設けるか否かが大きな争点となったが、決着には至らなかった。そのため、ＣＯＰ６再開会合（ボン）では、ＣＯＰ６での「決裂」のダメージを緩和することが最大の目標となり、結果、日本の植林・森林整備についてはCO_2吸収源三・八六％として計上することが認められ、先進国・途上国間の排出量取引についても原子力発電所に起因する削減見込量はその対象から外すなどの制限を設けることで、大枠の合意がなされた。[7]

こうして日本はＣＯＰ６再開会合の三カ月後に開かれた二〇〇一年一一～一二月のＣＯＰ７（モロッコ・マラケシュ）で、京都議定書の運用ルールの受け入れを表明することとなった。同年七月二三日に発表された日本政府代表団のボン再開会合に関する概要はこう分析している。「「日本に対して」厳しい態度であったＥＵが一転して態度を軟化させた背景には、ボン会合を成功させ議定書を発効させるため（我が国による締結が不可欠）、我が国に意図的に譲歩したものと見られる」[8]。

ＣＯＰ７に日本政府代表として出席した川口順子環境相（当時）がその後明かしてくれたところによると、日本からモロッコに向かう機中で川口氏は小泉純一郎首相（当時）と協議し、米国のブッシュ（子）政権が京都議定書から離脱する当時の状況下で、「米国抜き」でも日本独自の判断を下す（運用ルールの受け入れに合意する）という方針をあらかじめ首相から得ていた。[9] ＣＯＰ７会場でこの方針を表明した川口環境相は満場から大きな拍手を浴びた。

しかし、世界各国の政府交渉団が汗と知恵を絞り、巨額の費用（多くが日本国民の税金）をかけて採択された京都議定書だったが、その後日本は、米国と同様に「議定書は産業界の足かせ」と考えていた経産省の思惑通り、二〇一一年のＣＯＰ17（南アフリカ共和国、ダーバン）で「第二約束期間」（二〇一三〜二〇年）への不参加を表明。議定書批准国の立場は維持するが、「約束期間」の延長交渉には参加しないという方針であるが、これは議定書からの事実上の離脱を意味した。

COP７（モロッコ・マラケシュ）で川口順子環境相は、京都議定書の運用ルールの受け入れを表明した（2001年11月７日）

一方、ＥＵ諸国は、この「第二約束期間」の交渉を重視していた。二〇〇七年開催のＣＯＰ13（インドネシア・バリ）では「第二約束期間」を定めようとする京都議定書交渉グループ（ＡＷＧ－ＫＰ）と、さらに

COP 6 再開会合（ドイツ・ボン）の会場では「京都議定書を守れ」と国際環境NGO がアピールした（2001年 7 月17日）

先の目標期間を設定しようとする長期目標交渉グループ（ＡＷＧ－ＬＣＡ）とが並行して協議を行った。しかし全体の交渉の流れは後者のほうにシフトしていった。

ボン再開会合以降、ＣＯＰの各会場では、いわゆる「京都議定書守護派」の海外の国際環境ＮＧＯが「京都を殺すな」「京都を救え」といった激しいアピールを展開していたが、反京都議定書の流れが止まることはなかった。一方、日本から参加した非政府組織（ＮＧＯ）に顕著な動きは見られなかった。

もともと日本では、自国「京都」で議定書が採択されたという大きな出来事に刺激された人たちが新たな環境ＮＧＯを立ち上げるなど、「京都ありき」のグループが多かった。しかし、活動を重ねていくに従い、「先進国だけに削減義務があり、途上国には義務がない京都議定書はおかしい」という議論が広がりを見せ、「京都」とは別の国際的枠組みを求める声が徐々に高まっていった。これについてはＮＧＯ内部でも意見が分かれたと思うが、結果的に後者の流れは経産省の主張と重なることにもなった。毎年開かれるＣＯＰには日本からも多くの「京都守護派」ＮＧＯが参加し、提言活動を行っていたが、こと国内でなされる意見集約の場では反京都派の大手ＮＧＯの影響力が大きく、「京都を守れ」の声はかすんでしまったようだ。

一般に、日本では、ＮＧＯといえば政府や行政とは異なる立場から主張を行う小さな市民団体という印象を持たれがちだが、海外ではそうではない。特に欧州では政府への影響力が大きく、国連の会議でも責任ある重要な位置を占めている。ＣＯＰにおいても各国政府代表団と席を並べ、まさに非政府機関として対等な立場で直接発言する場面が普通に見られる。もちろん日本のＮＧＯメンバーにもそうした席を得る人はいる。しかし、それは、彼らの力であることに間違いはないが、政府と対峙するというよりも、政府と親和的な「現実的な主張」を選択し始めたことの結果であったといえるのではないか[10]。私が取材で会った「京都守護派」メンバーの中にはこの流れに反発してか、以後、ＣＯＰの会場で彼らの姿を見る機会は非常に少なくなっていった。

京都議定書をめぐるこうした国際交渉の動きについて、私は東京新聞紙上で、日本が存在感を失っていくことの問題点を伝えたが[11]、報道機関の中には、政府のブリーフ（記者会見や説明会）をそのまま伝えるだけの記事も見られた。

環境省の担当記者に限らず、外務省、経産省の担当記者も頻繁に担当が入れ替わる。新しく担当となった記者は、実際に現場取材をした人でない限り、まずは省庁が用意した政府の記者用ブリーフから入り、そこを起点に記事を書いていく。国際交渉を長年担当してきた官僚からの説明を、そのまま受け取ってしまう傾向が強い。しかし、政府の記者用ブリーフは、そうした新参の記者を見据えながら、政府や官僚の都合に沿った記事を書くよう誘導している面もある。ＮＧＯも同じだ[12]。

記者にはその罠に陥らないよう常にアンテナを広げておくことが求められる。

「現場の記者」について、少し触れておきたいことがある。ＩＴ時代に入り、記者会見やブリーフの場に記者がパソコンを持ち込んで、発表内容を打ち込みながら説明を受けるというスタイルが、ごく普通になっている。現場の記者の間では、発表内容を素早く打ち込み、メールでキャップやデスクに逸速く送ることに大きなウエイトが置かれるようになった。しかし、それでは、大臣や官僚と切り結べないのではないか。切り結べなければ、読者に本当に伝えたい視点が曖昧になってしまうのではないか。私が新聞社を退職する直前の時期、新型コロナウイルスの影響で直接取材が難しくなり、発表側の一方通行的な会見が常態化していることに、私は大きな危機感を覚えた。現場の記者には多くの国々の事情や意見、情報を集め、過去の国際交渉の歴史を十分学んだ上で記者会見やブリーフの場に臨み、読者本位の記事をしっかりと書いてほしい。

さて、ＣＯＰ６再開会合からＣＯＰ14（ポーランド・ポズナニ、二〇〇八年）までの八年間、二〇〇一年の米国・オーストラリアの議定書離脱によって京都議定書をめぐる環境は分裂状況が続いた（日本の報道のほとんどは政府の記者用ブリーフに沿って伝えられ、交渉の在り方、新展開の内容に踏み込むものはなかった）。こうした中、新たな国際的な枠組みづくりを視野に開催されたのが、二〇〇九年一二月のＣＯＰ15（デンマーク・コペンハーゲン）である。風力発電立国デンマークは、温暖化対策の先進的な取り組みを主導してきたＥＵ加盟国であり、ホスト国の責任者コニー・ヘデガード環境相は、新たな議定書づくりの取りまとめに奔走していた。もし自国主催の締約国会議で新たな議定書がまとまれば、「京都」に次ぐ「コペンハーゲン議定書」の誕生となり、デンマーク政府、ＥＵともに名誉ある地位を獲得することができる。

しかし、この野心的シナリオも形をなすことはなかった。交渉復帰に動いたオバマ民主党政権の米国と、習近平国家主席率いる中国による二大大国中心の駆け引きの場となっただけでなく、会議登録者の超過によって数千人の参加予定者が会場に入れず、凍てつく路上にあふれるといった事態も招き、ほとんどの会議が機能不全に陥った。このため、新たな枠組みづくりを目指したＣＯＰ15は、結局「コペンハーゲン合意」として、次回ＣＯＰ以降の「継続協議」を確認しただけの場で終わった。

COP15（デンマーク・コペンハーゲン）の議長を務めたコニー・ヘデガード環境相。ラスムセン首相の政治的思惑もあり会議は「カオス」状態となった。写真はCOP14（ポーランド・ポズナニ、2008年12月）でのもの

その後、二〇一〇年のＣＯＰ16（メキシコ・カンクン／京都議定書の「第二約束期間」の協議継続を決定）、二〇一一年のＣＯＰ17（南アフリカ共和国・ダーバン／米国、中国も入った新たな枠組みづくりを協議する作業部会「ダーバン・プラットホーム」の設立。日本の「第二約束期間」からの

事実上の離脱)、二〇一二年のＣＯＰ18(カタール・ドーハ/「第二約束期間」を二〇一三〜二〇年までの八年間と定める)、二〇一三年のＣＯＰ19(ポーランド・ワルシャワ/加盟各国にCO_2排出削減の自主目標の作成を求める)、二〇一四年のＣＯＰ20(ペルー・リマ/次回ＣＯＰに向けて各国が提出する草案の方向性を示す「気候行動のためのリマ声明」を採択)と協議は続く。そしてこの五回の協議を経て、二〇一五年のＣＯＰ21(フランス・パリ)で採択されたのが、「京都議定書」に代わる新たな国際的枠組み、「パリ協定」である。

二〇二三年二月一七日時点で一九四カ国とＥＵが署名しているこの協定では、米国を含む「先進国」と中国を含む「発展途上国」のすべての国が温室効果ガスの削減に取り組むこと、世界全体の温室効果ガスの削減状況を五年ごとに確認できる仕組みを設けることなどの目標が明記された。

5 「パリ協定」の不幸

採択まで漕ぎつけたものの、この「パリ協定」は当初よりいくつかの点で不幸を抱えていた。まず、「法的拘束力」がないこと、次に、温室効果ガスの削減基準が「各国の自主性」に委ねられたことである。また、とりわけ日本では、「パリ」というおしゃれな都市名が冠されているため、気候危機という地球規模の難題に立ち向かう重要な協定であるにもかかわらず、すでにメディア報道の次元でその重要性が薄められてしまっていたことである。

最初に挙げた「法的拘束力」がないことについて。「法的拘束力」、英語でいうリーガルバインディング（Legal Binding）は、「［各国が］法的な約束ごととして守らねばならない義務」という極めて強い意味を持つ。仮に「パリ協定」が「パリ議定書」として、つまり法的拘束力を持つ条約として採択され、各国が批准していたならば、批准各国は直ちに国内法を整備し、確実に施策に取り掛からねばならないし、法的ゆえに、違反に対する罰則規定も盛り込まれ、施策に不備や不履行があった国は相応のペナルティーを科せられることになったはずだ。

「パリ協定」が「パリ議定書」とならなかったのは、したがって、多くの国が法的に拘束されることを嫌ったからにほかならない。特に米国の場合、「京都議定書」を離脱しているだけに、新たな「議定書」の成立には慎重だった。法的拘束力を持つ「京都議定書」において温室効果ガスの削減義務から除外された中国やインドなどの「発展途上国」も、当然「義務化」には反対だった。「パリ協定」は、あくまで各国に課された努力目標である。極論すれば、まったく目標通りに行かなくても、国際法上は何ら問題が生じないということを保証した「決まりごと」なのだ。

二つ目に挙げた、削減基準に関する「各国の自主性」という規定については、「京都議定書」に掲げられた先進国への削減義務、すなわち「二〇〇八年から二〇一二年（「第一約束期間」）の間に、一九九〇年を基準年として、日本六％、米国七％、ＥＵ八％削減」という具体的な義務規定と比べると、極めて曖昧である。要するに、「パリ協定」の場合、それぞれの国が自分の国の都合で、基準年や削減数値目標を決めればよいことになった。

もっとも、こうした「自主性」の規定は、新たな「議定書」の採択を目指して失敗したＣＯＰ15（コペンハーゲン、二〇〇九年）の教訓を反映したものといえる。つまり、ＣＯＰ21（パリ、二〇一五年）では法的拘束力を持つ「議定書」に拘ることを避けた。今や世界最大のCO_2排出国となった中国をはじめ、「京都議定書」で法的義務から除外されていた途上国・新興国にも、たとえ「自主的」な形であれ何らかの削減目標値を設定してもらう必要があったからだ。

「京都議定書」の規定では、削減義務を負う国は「先進国」のみに限定されていた。当時、中国、インドなど「発展途上国」の主張は、「温暖化の責任は、産業革命以来、石炭などを多量に燃やしてきた先進国の側にある。我々はまだ発展途上にあり、助けられる立場だ」というものだった。しかし、今や中国は「世界の工場」として米国を抜いて世界最大の温室効果ガス排出国となっている。その中国が国連の位置づけでは二〇二三年一月現在も「発展途上国」とされている。中国自身も、国際交渉の場では常に「我々の中で豊かなのはほんの一割で、九割は貧しい」と主張している。全人口一四億の一割（日本の人口にほぼ匹敵）が牽引する、国内総生産（ＧＤＰ）世界第二位の中国が削減義務から逃れられるとすれば、誰が見ても理不尽さを感じないわけにはいかないだろう。「京都議定書」から離脱した米国はもちろん、中国、インドも何らかの削減規定を設け、国際的な認知を受けるべきである――こうした流れを背景にして妥協に妥協を重ねてできたのが「パリ協定」なのである。「京都議定書」の「第一約束期間」の最終年（二〇一二年）からすでに三年が経過する中、いつまでも国際社会が無策でいるわけにはいかない。その点で「パリ協定」は、COPの存在意義に関わる重要事態を回避するためにこしらえられた妥協の産物ともいえるだろう。

さて、先に挙げた「パリ協定」の三つ目の不幸に話を移そう。この協定が日本のメディアの中で「軽視」（大っぴらでないものの）されていることは、「パリ協定」なる言葉が新聞の「社会面」の記事にほとんど登場しない点から見ても明らかだ。この言葉が出てくるのは外報記事か経済記事くらいである。

「パリ協定」と並行して「京都議定書」も一定の存在意義を発揮していたなら、日本での「パリ協定」の扱いはまったく違ったものになっていただろう。環境省の当時の幹部が、「京都の名前がなくなる影響は計り知れないほど大きい」と漏らしていたことを思い出す。当然、この幹部は日本の「国益」に絡む政治問題として語ったのだろうが、報道記者の私にとって「京都の名前がなくなる」ことは、気候変動問題への世論の関心低下に直結する大きな社会問題であった。

新聞社に身を置いてつくづく思ったのは、ニュースの取り扱い（ネタの取捨選択）は本社の編集現場の相場観（感覚）によって左右されるということだ。パリ発のこの国際協定のニュースは明日の朝刊の社会面を飾るに相応しい喫緊のニュースなのか否か。「京都」と「パリ」という二つの言葉がもたらす相場観の違いは、実は理屈ではなく感覚だ。パリは京都より、やはり遠いのである。

私が社会部の朝・夕刊の編集責任デスクを担当していたときは、編集現場の仲間たちに「パリ協定」のニュース価値の高さを説明し、社会面にもしっかり組み込んでもらうよう努めた。時事的な大きな事件・事故に比べれば扱いは小さく、満足できるものではなかったが、一定の発信はできたと思う。

いずれにしても、日本のメディア報道の次元において、「パリ協定」は編集現場の相場観によってまだまだ不幸な取り扱いを受けているといえる。

ここで「パリ協定」の内容を概観しておこう。

この協定は、「京都議定書」の「第一約束期間」（二〇〇八〜一二年）の後継対策の一つとして二〇一五年に採択され、翌二〇一六年に発効した（一方では「京都議定書」の「第二約束期間」〔二〇一三〜二〇年〕が二〇一二年に定められていた）。温室効果ガスの削減義務を「先進国」のみに課した「京都議定書」とは異なり、「パリ協定」は「発展途上国」を含む一九五の締約国すべて（ＥＵ含む）が自主的に削減目標を設定し、国内対策に取り組むとした、気候対策における新たな国際的枠組みである。

具体的な目標は次の通りである。

①締約国共通の長期目標として今世紀末までに、産業革命前と比べた世界の平均地上気温の上昇を全体で二℃未満、可能なら一・五℃以内に抑える努力を続けること（COP26［イギリス・グラスゴー］では一・五℃が事実上の目標となった）、また今世紀末までに、経済活動による温室効果ガスの排出を全体としてゼロにする「カーボンニュートラル」を推し進めること。
②すべての締約国が自主的に削減目標を設定すること。
③二国間で温室効果ガスをクレジット化（証紙化）するなど、市場メカニズムを活用すること。
④温暖化対策に社会が「適応」していくために、各国ごとに「適応計画」を作成し、計画の実施状況を気候変動枠組み条約事務局に定期的に報告すること。
⑤先進国は途上国に継続的に対策資金を提供し、途上国自らも積極的に対策資金を拠出すること。
⑥すべての締約国は、共通の方法によって実施状況を報告し、内容の点検を受けること。
⑦世界全体の温室効果ガスの削減状況を五年ごとに確認する仕組みを設けること。
⑧すべての締約国が削減に向けた長期目標を設定し、その内容を条約事務局に提出するよう努めること。

ところで、③に掲げられた「市場メカニズムの活用」とは、「京都議定書」に盛り込まれた「京都メカニズム」の一つ、すなわち温室効果ガスの「排出量取引」そのものを意味する。排出量の売買がCO_2等の削減への大きなインセンティブになるという考え方だが、これは逆にいえば、温室効果ガスの排出量が増えなければ「市場メカニズム」は機能しないという矛盾を引き起こすものだ。マーケットは「拡大・拡張」が原理であり、温暖化対策は温室効果ガスの「縮小・縮減」が目的であるから、どう見てもこの二つは釣り合っていない。この点で、「パリ協定」も「京都議定書」と同じ矛盾を抱えたままである。

6

「パリ協定」を超える視座

商取引の目的は、通常、商品をより多く販売して利益を上げることにある。だから経営者は、常にマーケットを広げることに苦心する。ところが排出量取引市場の場合、売る商品であるCO_2等を「削減」し、「商品」（＝CO_2）がなくなることが目的であるから、原理的にはこの市場は「縮小」してなくなるはずだ。「カーボンニュートラル」の掛け声のもと市場の「拡大」を目指してこの市場に参入する経営者は、「利益獲得のためにはCO_2の排出増を期待しなければならない」という矛盾に目をつぶったままだ。

温暖化対策と市場とをうまく組み合わせたいなら、そもそも排出を伴わない再生可能エネルギーや、排出を吸収する緑化に関わる市場を「拡張」すべきではないのか。少なくとも、「排出」にインセンティブを与える政策では、真の温暖化対策は進まないのではないか。

米国のバイデン大統領は新政権発足時、「グリーントランスフォーメーション」(GX＝緑の変革)で新たな雇用を生み出すと内外にアピールし、日本も右へ倣えで「GX実行推進担当相」なるものを新設している(二〇二二年七月)。すでに述べた通り、これは経済成長のために「環境政策」を利用するものだが(本章2節参照)、今後、その手法が問われることになるだろう。

しかし、それを問うための議論も、ロシアのウクライナ侵攻によってかすみがかっている。化石燃料大国ロシアからの輸入停止措置(ウクライナ侵攻に対する各国の対ロシア制裁措置)は、天然ガスや石炭、石油の相当量をロシアに依存してきた国(日本を含む)に、制裁と引き換えにエネルギー政策の見直し(＝後退)を正当化する口実を与えている。たとえば岸田文雄政権は、ウクライナ危機でいっそう悪化する自国経済の立て直し策として、原発の再稼動・六〇年超の延長運転・新増設、廃炉原発の建て替え(リプレース)を公然と打ち出しているし、ウクライナ侵攻前には一旦はその使用削減を公表していた石炭火力発電も、再び稼働率を上げる方向へと転換(＝後退)している。

それにしても、戦争の終結は誰もが望むことだが、その戦争を止めるために使われる戦車、戦闘機、戦艦、ミサイルによって排出されるCO_2の問題についてはどうなっているのだろうか。このウクライナ戦争においては、ロシア軍のみならず、ウクライナ軍からも莫大な量のCO_2が撒き散らされている。これは日米韓による軍事演習、それに対抗する中国による軍事演習、朝鮮民主主義人民共和国（北朝鮮）によるミサイル発射実験・核実験においても変わらない。

ＣＯＰの場では是非、この問題についても協議、分析してほしい。「気候変動に関する政府間パネル」（ＩＰＣＣ）は、二〇〇七年にノーベル平和賞を受賞した政府間機関である。この問題に取り組んでこそ、受賞を真に価値のあるものにするだろう。

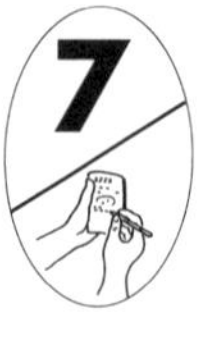

7　ロシアのウクライナ侵攻とエネルギー問題

気候変動（地球温暖化）対策がますます世界的な重要課題になる中、二〇二二年二月、プーチン大統領のロシアがウクライナ侵攻を開始した。極寒の地、シベリアを持つロシアにとって、豊かな穀倉地帯であるウクライナを狙う姿勢は、一五〇年以上前のクリミア戦争時代から変わっていない。当時、クリミア半島はトルコ（オスマン帝国）領だった。ロシアのトルコ侵略に対して、フランスとイギリスがトルコを支援、激しい戦闘が行われた。

現在、このクリミア半島は国際法上ウクライナ領である。そこに今また、ロシアが攻め込んでいる。ロシアにとってこの温暖な黒海沿岸は、のどから手が出るほど魅力的なのだろう。

ロシアは「パリ協定」において、温室効果ガスの削減目標値を二〇三〇年までに三〇％減、二〇六〇年までに一〇〇％減（ネットゼロ）を掲げている（いずれも一九九〇年比）。しかし、今やそうした次元の取り組みとはまったく相容れない事態が生じている。ロシアのウクライナ侵攻は、世界のエネルギーの需給体制に多大な影響を与えながら、国際政治の構図自体を大きく変え、今後はＣＯＰの交渉の在り方をも左右していくに違いない。

このことは、世界の気候変動対策がウクライナ戦争を起因とするエネルギー問題に影響を受けながら動いていくことを意味する。たとえば、ロシアは化石燃料の一つである天然ガスの産出量が世界一（エネルギー市場全体で二五％、二〇二二年現在）だが、この天然ガスをドイツにつなぐパイプライン「ノルドストリーム」をめぐり、ＥＵは対ロシア経済制裁として、ロシアはその対抗措置として、その需給量を激減させた（ドイツでは、その代償としてのガス不足が「脱原発」路線［本書一九〜二〇頁参照］を足踏みさせることにもなった）。

また、日本の三井物産はロシアとの「サハリンⅡ　原油・天然ガスプロジェクト」や「Arctic LNG2　プロジェクト」（北極圏）に巨費を投じてきたが、ウクライナ政府は日本に対し、ロシアからの天然ガス禁輸を求めた（二〇二二年七月）。

こうした状況は、都合よく捉えるなら、石油や天然ガスをロシアに依存してきた国々がそれを断ち切ることで、結果的にCO_2の排出量を抑え、再生可能エネルギーへの転換を加速し、気候変動対策の実効性を高めることに通じる。実際、ＥＵは二〇二二年五月にその方針を打ち出している。

もちろん、戦争によってもたらされるこのような「地球温暖化対策」など、あるべき形でないことはいうまでもない。

二〇二三年二月六日には五万人以上が犠牲となるトルコ・シリア大地震が発生した。ロシアは直ちに侵攻をやめ救済に向かうべきではないのか。今、「人類の在り方」そのものが問われている。

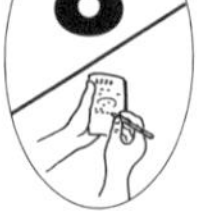

8　政権が気候変動対策に力を入れる理由

二〇二〇年八月、突然の退任を表明した安倍晋三氏に代わり、官房長官だった菅義偉氏が首相に就任した。その菅首相（当時）が政権の目玉として逸早く掲げたのが気候変動対策である。

気候変動問題に力を入れた歴代首相としては、京都議定書採択時（一九九七年一二月）の橋本龍太郎氏、北海道洞爺湖サミット（先進八カ国首脳会議［G8］二〇〇八年七月）でこの問題をメインテーマに掲げた福田康夫氏が挙げられる。対して、安部氏は、国会の施政方針演説でもほとんどこの問題に触れることがなかった。これは、京都議定書の存在自体を経済・産業活動上のマイナスと見る経産省の官邸官僚が、安部政権の政策を主導していたからだ。では、菅政権はなぜ温暖化対策に力を入れようとしたのか。ここではその政治的背景について見ておこう。

北海道洞爺湖サミット時に設けられた国際メディアセンターを訪れる福田康夫首相一行。メインテーマは「気候変動」だった（2008年7月6日）

先述の通り、バイデン大統領は、就任（二〇二一年一月二〇日）の三カ月後、トランプ前大統領によって凍結されていた国際的な気候対策への議論に復帰すべく（米国は二〇一九年にパリ協定から離脱）、「オンライン気候変動サミット」を開催している（二〇二一年四月二二、二三日）。菅首相はこれに先立ち、同年四月一六日、新大統領と直接対面する最初の首脳としてワシントンを訪れ、気候変動問題への積極姿勢を示した。

同じ四月一六日には、原発の新増設や建て替え（リプレース）を推進する自民党議員連盟が発足した。会長は、元防衛相で福井県出身の稲田朋美氏である。福井県には稼働停止中のものも含めて一五基の原子炉があり、杉本達治知事は築四〇年を経過した美浜原発三号機の再稼働に同意していた。稲田氏が同議連の会長になったのは、自民党内の原発推進派の筆頭として自らをアピールするためだったのだろう。福井県には他の立地自治体同様、原発絡みの巨額の交付金や電力会社からの「餅代」（資金）が長年にわたり投入されてきた経緯がある。菅政権の渡米と歩調を合わせたかのような同議連の発足は、原発政策に関する自民党政治の凄まじさを感じさせるものだった。

また同時期、菅首相は官邸に全国漁業組合連合会の会長を呼び出し（同年四月七日）、原発事故以来毎日発生している汚染処理水を海洋投棄する政府方針も伝えている（同月一三日、決定）。

二〇一五年に国連で採択された「持続可能な開発目標」（ＳＤＧｓ）の一七項目（巻末、第一章注１参照）が経済紙を中心に大々的に紹介され始めたのもこの頃である。「ＳＤＧｓは今後の日本経済の主軸となる」――菅政権はこの流れを利用し、かなり本腰で原子力政策の復活に乗り出したと見えた。福井の美浜原発三号機は二〇二一年六月に再稼働している（規制基準を満たしていないことが判り、稼働後四カ月でほどなく運転停止。二〇二二年八月、再稼働[13]）。

「原発は、石炭火力発電と異なり、CO_2を出さないクリーン・エネルギーである」――福島の事故以前まで、政府はこうした考えを盛んに流布し、気候対策とセットでその利用を掲げることが多かった。事故後しばらくは大きな動きを見せなかったが、ここにきて再び、原発を気候対策の柱に据え始めた感がある。

日本政府のこうした動きは結局、「日米安保」「日米同盟」の一環なのか。その本質は、米国の原子力政策や核戦略と一体なのか。ロシアのウクライナ侵攻によって世界の経済・エネルギー問題がいっそう深刻化している現在、各国の原子力政策をめぐる動向と併せて注視していく必要がある。

ところで、前述したように、日本政府は米国主催の「オンライン気候変動サミット」において、二〇三〇年度に温室効果ガスの排出量を二〇一三年度比で四六％削減するという大胆な目標を公にしたが、当時の環境相、小泉進次郎氏はこの目標について、「目の前におぼろげながら浮かんできた数値」だとテレビのインタビューに答えている。この発言には「いい加減」「不誠実」といった批判が上がったが、おそらく本人は真面目にそう答えたと思われる。

一九九七年のＣＯＰ３（京都）で日本政府が合意した「第一約束期間」の六％削減という数値も、苦肉の末に「おぼろげながら浮かんできた数値」であった。この数値はあくまで国際交渉の駆け引きを伴う「政治判断」から生まれたものであり、少なくとも客観的な科学的データのみによって判断された数値ではない。

今回の気候変動サミットで示された数値も基本的には同じである。ＣＯＰ３のときのように徹夜で行われた国際交渉の末に考え出された数値ではないが、時の「政治判断」から「おぼろげながら浮かんできた数値」であることに変わりはない。数値は自国経済の成り行きを左右するという点で、どうしても「政治判断」が大きな力を占める。たとえ客観的であれ、科学的データだけで数値を決めることはできない。

ただ、四六％という大きな目標を掲げるのであれば、その実現性の根拠をしっかりと国民に示す義務がある。蓋を開ければ「原発頼み」というのではたまらない。国全体、国民全体が取り組む重要対策であるからにはなおのこと、「政治判断」というものは十分な国民的議論を経たものでなければならないし、「おぼろげ」であっても「独断専行」であってはならない。

「政治判断」が民主的な形でうまく機能している好例が、環境先進国を自負してきたドイツである。メルケル首相（当時）が掲げた数値に、さらに厳しい数値目標を掲げ、国民の支持を得たのが「緑の党」である。緑の党は現在、メルケル政権を引き継いだオラフ・ショルツ首相率いる三党連立政権（社会民主党、自由民主党、緑の党）の一角を占め、ファクトシート（科学的知見に基づく政策説明書）を公表しながら客観的裏づけによって国民に訴え続けている（本書二一〇頁参照）。

気候変動対策の数値目標をめぐっては、国際交渉の場のみならず、自国内でも激しい政治的駆け引きがなされるが、結局は各国とも「おぼろげながら浮かんできた数値」に落ち着く。そもそも、数値の設定には絶対的な回答などないからである。しかし、気候交渉は人類の未来を決めるという点で極めて重要な交渉であるからには、各国ともに、あくまで一定の科学的裏づけと国民的議論を積み上げた上で行われる必要がある。日本の政府もこの点を忘れてはならない。かつて日本軍が行った侵略戦争、アジア・太平洋戦争のときように、大本営の決定のもとに突き進め、といった感じで日本の気候政策が動き出したとしたら非常に危うい。客観的なデータ（科学）と民主的手続き（政治）の両輪性を備え持つことこそが、気候変動対策における要諦といえるだろう。

9 米バイデン政権の影響

米国では、温暖化現象の科学的知見そのものを否定しパリ協定から離脱（二〇一九年）した共和党のトランプ政権に代わり、民主党のバイデン政権が誕生した（二〇二一年一月二〇日）。大統領選でトランプ氏は、石油産業や自動車産業を支持基盤に、自らの信条であるアメリカファースト（自国第一主義）を掲げて戦ったが、パリ協定からの離脱もその一環と考えていたようだ。

対してバイデン候補は、トランプ氏のこの反温暖化戦略を、大統領選の絶好の対立軸と位置づけ、支持獲得への最大のてこに利用して戦った。

こうした経緯が物語るように、バイデン大統領の執務室での最初の仕事となったのが、パリ協定への復帰署名である。オバマ民主党政権時代（二〇〇九～一七年）、米政府はパリ協定で、「二〇五〇年までに温室効果ガスの排出量を一九九〇年比で八〇％削減する」目標を打ち出した。同じ民主党のバイデン氏は、大統領選で、「二〇三五年までに発電による温室効果ガスの排出量を、また二〇五〇年までに経済全体の純排出量を、いずれもゼロ（カーボンニュートラル）にする」目標を公約に掲げた。そして大統領就任後バイデン氏は、自ら主導した二〇二一年四月二二日、二三日の「オンライン気候変動サミット」で、「米国の労働者と産業を気候変動に立ち向かう主力とし、二〇三〇年までに、経済活動から排出する温室効果ガスを二〇〇五年比で五〇～五二％削減する」という短期目標を発表し、この政策によって数百万人の雇用（給与のよい仕事）を創出して経済競争力を高め、環境面での正義と、米国全土の国民の健康および社会の安全を守っていくと宣言した。

一方、二〇二〇年の大統領選時には、米国の主要企業の経営者団体「ビジネスラウンドテーブル」代表のジョシュア・ボルテン氏（ブッシュ［子］大統領時の首席補佐官）も、「排出量を大幅に削減しながら、経済競争力をいかに高めていくかが重要」との見解を公にしていた。同様に、米国の経済専門紙ウォール・ストリート・ジャーナルからは、「気候変動問題で米国が何も対策を講じなかった場合、あるいは対策を講じても海外の対策基準に合わなかった場合、自国の不利益につながるリスクが高まる」との指摘がなされていた。バイデン氏はこれも追い風とした。

温暖化問題に無知な大統領として非難されたトランプ氏だが、前述したように、それ以前にも同じ共和党出身のジョージ・ブッシュ（子）大統領が同様の態度を示している。温暖化問題に取り組む最初の国際的枠組み「京都議定書」からの離脱を表明したことだ（二〇〇一年）。米国は京都議定書が採択された一九九七年には、クリントン民主党政権がこの問題に積極的に取り組み、ゴア副大統領（当時）が京都まで乗り込んで、CO_2の商取引など、市場活動で温室効果ガスの削減を目指す「京都メカニズム」のルールづくりを主導した。次のブッシュ（子）政権がこれを否定したわけだが、当時、世界最大のCO_2排出国だった米国が離脱することは、議定書の存在意義を著しく貶める結果となった。そしてブッシュ（子）政権後に発足したオバマ民主党政権では、クリントン時代の政策を復活させ、パリ協定の成立に向けて積極的に関与し、協定発効に重要な役割を演じた。

トランプ氏が国際的な温暖化交渉に批判的だったのは彼の個性ゆえと見られがちだが、こうした一連の流れを見ると、米国では政権が代わるたび、民主党は温暖化交渉に肯定的、共和党はこれに否定的な姿勢を取ってきたことがわかる。当然、与野党が逆転するたびに米国議会の力関係も変わり（上院と下院の勢力図が異なる、いわゆるねじれ現象もたびたびあるが）、これが議定書や協定の批准・離脱・復帰を左右してきた。

バイデン政権下では民主党が上下両院で実質的に多数を占めた。議会の賛同を得やすい勢力図のもとで、米国は再び国際的な気候交渉の場に復帰することとなった（二〇二二年一一月の中間選挙では、共和党が下院でわずかに過半数を得た）。

バイデン新政権が取り組んだ米国主催の「オンライン気候変動サミット」では、温室効果ガスの

「二〇三〇年までの削減目標値」が議題となり、米国が二〇〇五年比で五〇〜五二％、日本が二〇一三年比で四六％、ＥＵが一九九〇年比で五五％、イギリスが同年比で六八％、そして中国が（ＧＤＰ当たりのCO_2排出量として）二〇〇五年比で六五％を表明した。

目標年を八年先の「二〇三〇年」に設定した意義は大きいといえるだろう。パリ協定での目標年はそれよりも二〇年先、「二〇五〇年」の設定である。パリ協定におけるこの設定は、破綻していた京都議定書後の国際的な温暖化交渉を再構築する目的で作られた大目標ではあるが、政策的には遠すぎる長期目標にとどまる。バイデン大統領が二〇三〇年の短期目標を打ち出してきたことで、各国の具体的な取り組みがより鮮明になりつつある。

米国のこうした動きの背景には、ハリケーン（巨大台風）や大規模な山火事などの自然災害が国内で年々増え続けていること、また、国内の経済成長戦略が前述した「グリーントランスフォーメーション」（ＧＸ）を軸に展開され始めたことが挙げられる。特にバイデン大統領による温暖化政策は、今や世界最大のCO_2排出国であり、ＧＤＰでは米国に次ぐ世界第二位の経済大国となった中国の動向をにらんで組み立てられている。米国にとって中国は、エネルギー、飛行機、自動車など新開発商品市場の最大マーケットであると同時に、米国の覇権を脅かす最大の競争相手である。

軍事的覇権をめぐり米国と激しく対立する中国は、国際的な気候交渉の場でも新たな対立軸を作り出している。たとえば、二〇二〇年一二月一二日、新型コロナウイルスの影響で延期となっていたCOP26（イギリス・グラスゴー）の代替会議「オンライン気候サミット」（国連気候変動枠組み条約事務局主催）で見られた習近平国家主席による演説にそれがよく表れている。当時、米国は大統領選の真っ只中で、現職トランプ候補とバイデン候補が各州の得票数で激しく争っていた。そうした背景の中で習主席は、米国がパリ協定から離脱している状況を暗に批判し、「中国は、パリ協定の運用ルールの合意で重要な貢献をし、自らも同協定の積極的実践者です」とアピール、自国のCO_2の排出量を二〇三〇年までにピークアウト（二〇三〇年を最高値として年々減少していくこと）させ、二〇六〇年までにカーボンニュートラルの実現を目指すと述べたのである。

また、その半月後の一二月三〇日には、習主席はドイツのメルケル首相（当時）、フランスのマクロン大統領、EU欧州委員会のフォンデアライエン委員長らとのオンライン会議において、「中国とEUは世界の二大パワー、二大市場、二大文明である」と謳い、一帯一路イニシアチブ（現代版シルクロードを目指す、アジア、欧州、アフリカ大陸までを視野に収めた巨大経済圏構想）を掲げる中国とEUとの「ユーラシア相互接続戦略」に基づく投資協定を四者間で結んだ。中国のこうした姿勢は、いずれも米国への牽制であり、その狙いは、たとえ米国がパリ協定に復帰したとしても、すでにその主導権は中国が握っているということを強烈にアピールする点にあったといえる。

中国が見せたこのしたたかさは、翌二〇二一年四月に行われた米国主催の「オンライン気候変動サミット」でもにじみ出た。この会議で習主席は、気候交渉の枠組みにおいて中国はあくまで「発展途上国」であることを強調し、「先進国は、途上国を資金、技術、能力づくりの面で引き続き支援し、途上国のグリーン貿易障壁の回避と、グリーン低炭素転換の加速に協力しなければならない」と訴えている。また、中国主導の「南南協力」によってアフリカや東南アジア諸国の気候対策を積極的に支援するとアピールし、「衆力を合わせて一つにするなら、どんな重くても持ち上がらないものはない」と途上国間の連帯を呼びかけている。

中国を巨大市場とする自動車産業は、ＩＴ産業と結びつきながら、この数年で激変するだろう。自動運転技術のＩＴ化によって、人々のライフスタイルにも大変化を及ぼすはずだ。米中関係が悪化する中、その間隙を縫う形で、欧州も中国市場へ食い込む姿勢を強めている。中国は中国で、各国の技術力を貪欲に取り込み、世界を呑み込む勢いでプレゼンスを高めている。気候交渉をめぐる米・中・欧の激しい主導権争いは、経済競争とリンクする形で、世界全体を巻き込む凄まじい戦いへと発展しかねない状況にある。また、ロシアのウクライナ侵攻をめぐっては中国、北朝鮮が親ロシア・反欧米で連携を強め、今後の気候交渉の行方にいっそう大きな影を落としている。

10 生物多様性も格差問題

気候変動問題と並び、地球環境にとって喫緊の課題とされているのが生物多様性問題だ。国連には環境問題についての条約が三つある。気候変動枠組み条約（一九九四年発効、二〇二一年一〇月現在一九七カ国批准）、生物多様性条約（一九九三年発効、同一九四カ国批准。米国未加盟）、砂漠化対処条約（一九九六年発効、同一九六カ国批准）である。これらの条約批准国が開催する締約国会議はいずれもCOP（Conference of Parties）と呼ばれ、三大環境条約会議として位置づけられている。

国連生物多様性条約締約国会議、いわゆる生物多様性会議の第一〇回（COP10）は、二〇一〇年一〇月一八日から二九日にかけて、名古屋市で開催された（参加一七九カ国）。私はこの会議の取材にも関わった。

生物多様性会議と聞けば、地球のあらゆる野生生物を世界各国が一丸となって保護するために設けられた議論の場、といったイメージを抱く人が多いかもしれない。しかし、実際は、気候変動問題以上に、先進国と途上国が「利益配分」をめぐって激しい応酬を繰り広げる場となっている。

同条約の目的は、「生物の多様性の保全」「生物多様性の構成要素の持続可能な利用」「遺伝資源の利用から生ずる利益の公正かつ衡平な配分」の三つとされる。三つ目については、「利益配分」のほかに「天然資源に対する主権的権利」や「アクセスの事前同意と契約」等も盛り込まれている。要は、人間と人間以外の生物を守るための手段として、人間の、いや各国の利益を、応分に保障していくことを目的とした条約といえる。各国はこの条約をめぐっても激しくぶつかり合っている。

たとえば日本人の大好きなカレーなどに使われる香辛料、様々な薬品・化粧品の原料といったものは、主に中央アジア、東南アジア、アフリカ、ラテンアメリカ地域の野生植物や野生生物から採られている。特に欧米各国は大航海時代から近年まで、これらの現地産からあらゆる種《しゅ》を本国へ持ち帰ったり、植民地化した地域でプランテーション農業に利用したりすることで巨万の利益を上げてきた。

新型コロナウイルスのワクチンのように新薬は常に期待されるが、薬品開発では、特に途上国のジャングルや山深くにある動植物の成分が不可欠だ。昔は、「シード・ハンター」（種の狩人）と呼ばれる部外者たちが土着の人々の共有地である山中に勝手に入り込み、貴重な「種《シード》」を自由に採取し、利益を得ていた。

途上国は過去から続くこうした専横的な手法を国連の場で訴え、過去に遡ってその損失と損害を補償すべきだと主張している。また、先進国が途上国の種苗から薬品を開発し、利益を得た場合、その利益に対して応分の配分を求めている。気候変動枠組み条約の交渉に見られる「南北問題」と同様の構図がここにも見て取れる。

二〇一〇年に開かれたＣＯＰ10（名古屋）はまさにこの問題、つまり「遺伝資源（種）の利用」が議論の中心となり、「名古屋議定書」が採択された。長々とした正式名称「生物の多様性に関する条約の遺伝資源の取得の機会及びその利用から生ずる利益の公正かつ衡平な配分に関する名古屋議定書」が示す通り、同議定書の目的は、遺伝資源の宝庫である国（主に途上国）と、その提供を受け、薬などを開発する国（主に先進国）が、遺伝資源の利用をめぐりお互いに透明性を持った仕組みづくりを共有していくことにある。名古屋議定書では、野放図なこれまでのやり方に制度を設け、遺伝資源の利用によって利益を得た企業は遺伝資源の提供国に対して応分の利益を配分することが明記された。

COP10の会場には、米国に本部がある環境NGO「コンサベーション・インターナショナル」の副理事長を務める映画俳優のハリソン・フォード氏（右）も訪れた。記者会見で「自然は我々を必要としていないが、私たちには自然が必要だ」として地球の陸域、海域の生物保護区の拡大を訴え、米国政府にも生物多様性条約の批准を訴えた（2010年10月26日）

ここで注意すべきは、先端的な薬品開発に取り組む研究施設や企業を数多く持つはずの米国が、条約そのものに未だに加わっていないことだ（二〇二三年一月現在）。気候交渉と同様、ここでも自国の産業界の利益を優先する米国の姿勢が見て取れる。ちなみに米国は、砂漠化対処条約には批准している。この条約は主にアフリカの砂漠化対策を主眼に置いたものだが、アリゾナ砂漠を抱える米国にとっても一定の利益を見込んだ上での批准といえるだろう。

名古屋の生物多様性会議（ＣＯＰ10）については、開催直前まで名古屋議定書の合意は極めて難しいという評判が流れていた。しかし、ジョグラフ事務局長（アルジェリア出身）の魔法的な采配で、議定書だけでなく「愛知目標」（二〇二〇年までの目標）も採択することができた。「愛知目標」とは次の五つの戦略目標を指す。Ａ「生物多様性の主流化と、生物多様性の損失の根本原因への対処」、Ｂ「生物多様性への直接的圧力の減少と持続可能な利用の促進」、Ｃ「生態系、種及び遺伝子の多様性の保護と生物多様性の状況の改善」、Ｄ「生物多様性及び生態系から人類に寄与される恩恵の強化」、Ｅ「参加型計画の立案と、知識管理及び能力開発を通じた実施の強化」である。

会議直前、ジョグラフ事務局長に直接取材できた。ジョグラフ氏から「名古屋議定書、愛知目標、どちらも合意させることができる」という極めて強気な発言がなされたときは、ジョグラフ氏一流のパフォーマンスかと思ったほどだが、会議最終日の未明にはいずれも採決に至り、可決された。先進国と途上国の利害が直接ぶつかり合う、到底簡単には合意されないといわれる国連関係の交渉が、どうして一夜にして成立しえたのか。そこには二つの要因があったと考えられる。

一つは、採決にあたり行われた各国代表団のスピーチにおいて、議長サイドから非常に巧みなロジックが展開されたことだ。たとえば、ある途上国の代表団が、自国から持ち出される遺伝資源への国際的な補償を訴えたとする。通常なら、その訴えをめぐり、数時間あるいは数日を費やすのが国際交渉だ。しかし、議長を務めた松本龍環境相（当時）は、「そうした課題は今後のＣＯＰの運用ルールづくりの過程で話し合っていきましょう。では、本題に移ります。この議定書案に賛同できますか、できませんか」と質した。そうすると、当の代表団からは、「課題は別として、議定書案には賛同できます」という答えが返ってくる。議長のこのフレーズは各国代表団がスピーチするたびに繰り返された。そして発言者たちは次々と賛同の意思を表明していった。

「生物多様性に向けたCOP10では気候変動による生態系劣化の影響が主要テーマ」と訴えるジョグラフ事務局長。気候変動枠組み条約第15回締約国会議（COP15／デンマーク・コペンハーゲン、2009年12月）の会場にて

私の取材経験では、各国がてんでばらばらに主張を繰り返すというのが国際会議の常だが、このときの会議は違って見えた。スムーズに進む様子を見ながら、採択を断言したジョグラフ事務局長の姿がふと目の前に浮かんできた。「ジョグラフ・マジック」――思わず私の口から漏れた。

会議の最終日、日付を越えて午前三時過ぎに「名古屋議定書」と「愛知目標」は採択された。各国代表団が引き上げ、後片づけが始まった会場に一人佇んでいるジョグラフ事務局長を見つけた。「おめでとうございます」と声をかけると、疲れ切った表情に安堵感をにじませながら「ありがとう」といって握手で応えてくれた。

各国が合意に至ったもう一つの要因として考えられるのは、名古屋市による「おもてなし」だ。ほぼ連日、会議終了後は、ＣＯＰ10の名古屋国際会議場からシャトルバスで市内の高級ホテルへ移動、各国代表団には豪華な日本料理が振る舞われ、大宴会場は、緊迫した会議場とは打って変わって、終始和やかな雰囲気に包まれた。物事を決めるのは、結局は人と人との生身のふれ合いである。ＣＯＰ10の合意には、実は名古屋のこの「おもてなし力」が一役買ったのではないかと思っている。

さて、ＣＯＰ10が留保した「今後の課題」、実際の運用ルールについての協議は、以後二、三年置きに開催されるＣＯＰの場に引き継がれてきた。これも名古屋での議定書採択や戦略目標の合意があってのことだ。

二〇二一年一〇月開催のＣＯＰ15は、中国の雲南省昆明市が会場となった。ただ、新型コロナウイルスの影響で、会議は「第一部」と「第二部」に分けられ、昆明市では「第一部」のみが対面とオンラインのハイブリッド形式で開かれた（「第二部」は二〇二二年一二月にカナダ・モントリオールで開催。「愛知目標」の後継として、「二〇三〇年までに陸域と海域を三〇％以上保全」（「愛知目標」では陸域一七％、海域一〇％の保全。未達成）や、「途上国支援への基金の創設」など二三項目からなる新たな戦略目標が採択された）。ＣＯＰ15「第一部」のテーマは「生態文明」。中国政府によると、悠久の歴史を誇る中国「文明」は「生態＝エコロジー」を大切にして発展してきた。ゆえに「生態文明」を持つ中国はＣＯＰの開催にふさわしい役割を果たす、というわけだ。ちょうどこの会議の前、中国ではゾウの群れが謎の北上をし、昆明市周辺まで接近していた。中国政府はこれを駆除せず、生息地まで誘導するというパフォーマンスを繰り広げた。昆明の会議ではこれを大きく紹介し、生物を大切にする中国の姿勢をアピールした。

11　情報技術（ＩＴ）やコンピューターは気候変動対策の救世主か

気候変動対策として温室効果ガスの削減とともに重視されているのが、温室効果ガスを出さない再生可能エネルギーの普及だ。

しかし、課題も多い。その一つが、電力の需給面での不安定さである。たとえば、風力発電は風の向きや強度の違いによって、また太陽光発電は日照時間の違いによって、需給バランスが大きく左右されてくる。近年、そうした不安定さを解決する有力手段とされているのが情報技術（ＩＴ）

の活用だ（ちなみに、再生可能エネルギー技術としての蓄電池も注目されている。電力を貯めることのできる小型蓄電池が広く普及すれば、一定の安定供給が可能となる）。

ＩＴを活用するとはどういうことか。たとえば、太陽光発電の場合、日照時間が少なければ電力の供給が需要に追いつかず、持続的な供給ができなくなる。たとえ晴天が続いても、太陽光を浴びる時間帯は昼間に限られてくるわけだから、自ずと発電の最大量は限られる。また、電力は蓄えることができないから、余った電力は無駄になる。しかし、電力の需給網を一地域、一国レベルでなく、地域間、国家間レベルにまで広げることができれば、地域間、国家間で電力を過不足なく融通し合うことが可能だ。その需給バランスをＩＴの活用によって的確に調整しようというわけである。こうしたやり方は風力発電にも適用できるし、あるいは太陽光の不足を風力で、風力の不足を太陽光で賄い合うことにも適用できる。そうすれば、エネルギーを地球規模でより効率的に活用することが可能になるだろう。

再生可能エネルギーの国際化とそのもとでの効率的な活用は、早急に協議しなければならない日本の課題の一つだと思う。欧州など陸続きの国々は、以前から電線やパイプラインを活用した地域間、国家間のエネルギー移転が容易に行われてきた。対して島国日本は、石炭、石油、天然ガスなどの化石エネルギーのみならず、原子力発電の燃料となるウランまで、海上輸送に頼って輸入してきた。日本の隣国は中国、韓国、北朝鮮、台湾であり、太平洋の向こうには米国もある。海底ケーブルによる送電技術や、「ワイヤレス電力伝送」という大電力の空中送電技術の研究が進む今日、これらを再生可能エネルギーとリンクさせて活用していくことが日本にとっての大きな課題である。

エネルギー問題は国々の安全保障に関わる問題といわれるが、より正しくは、私たちの生命・生存・生活そのものに関わる「人間の安全保障」に直結する問題だ。各国がともに効率的かつ安定的な再生可能エネルギーを作り出し、融通し合っていくためには、何よりも国家間における友交関係の維持が求められる。ロシアによるウクライナ侵攻はその最低条件さえ破棄する行為だが、日本も含め、近隣国との平和的な関係をいかに維持し、構築していくかが、再生可能エネルギーの国際化にとって必須要件であることはいうまでもない。

二〇一九年一〇月一二日、秋の観光シーズン真っ只中の日本を襲った台風一九号。この台風がまだ伊豆諸島の南にあったとき、私は友人のドイツ人家族と石川県能登半島の旅館に宿泊していた。テレビの天気図は確かに台風の位置を太平洋側に示していた。しかし、不気味な大きな風が、日本海側の能登半島東岸、七尾湾上空にも吹き荒れていた。

通常、台風が太平洋上にあるとき、日本海側にこんな風は吹かない。「これはただごとではない」。人間というより動物として、この台風の異常さを体全体で感じていた。こんな体験をするのは初めてであった。

台風一九号がもたらした最大級の暴風雨は、長野市のＪＲ北陸新幹線車両基地を水没させた。被害は中部地方から関東、東北地方にまで及び、広範かつ甚大なものとなった。以前、取材でお会いした宇宙飛行士の毛利衛さんが、温暖化問題について次のような趣旨のことを語られた。「温暖化対策にとって肝心なのは、人々がこの危機に、いかに生き物としての気づきを得られるかにありますʼ[14]」。能登での私は、あの台風の嵐に、「生き物としての気づき」を確かに感じていた。科学的な因果関係はわからなくても、気候がもたらす異常な事態に言葉でいい表しえない恐怖を覚えたのだ。スーパーコンピューターによる解析で、大型台風、猛暑、集中豪雨などの異常気象と地球温暖化との因果関係は解明されつつある。

気象庁気象研究所の研究グループは、この台風一九号の強度について「地球温暖化による気温上昇によって、水蒸気が増えたことが、雨量増加の原因になった」と分析する。

それを裏づけるデータが同研究所のスーパーコンピューターを使って解析された。「イベント・アトリビューション」という手法によって導き出されたものだ。これは過去から現在までの温暖化の影響について、「温暖化していない状況」と「温暖化している状況」をシミュレーション比較し、異常気象と温暖化の関係を解明するという手法である。

同研究所の今田由紀子主任研究官によると、この手法によって気候変動モデルの境界条件（気温の設定条件）を変化させて、「温暖化していない世界」と「温暖化している世界」を何ケースも作り出すことができれば、異常気象の発生確率を計算することが可能となり、二つの世界を比較することで、発生確率に対する地球温暖化の影響も見積もることが可能となる。また、こうした知見などをもとに、「パリ協定」が今世紀末までの目標としている一・五℃以内ないし二℃未満の気温上昇で、世界がどのような気候になっているかを推測することも可能になるという[15]。

二〇一九年に日本を襲った巨大台風と温暖化との関連、あるいは二〇二〇年以降、頻発している米国・カリフォルニアの大規模森林火災と温暖化との関連は、海外の研究チームによっても因果関係が認められているという。

今田さんは次のように強調している。「グリーントランスフォーメーション（GX）を含め、カーボンゼロ（CO_2排出ゼロ）を目指す活動の根拠として、過去になされた人間活動が実際にどの程度気候を変化させてしまったのか、それにより異常気象災害のリスクがどの程度高まってしまったのか、これらを数値として実感することは重要。こうした実感が、国が主導するCO_2排出削減などの緩和策への理解、協力促進につながります」。

ところでインターネットもまた、スーパーコンピューターを元にして築き上げられたものだ。もともと米国の国防総省（ペンタゴン）が核戦争を想定し、仮に核攻撃を受けた基地が機能不全に陥っても、他の基地同士が引き続き連携できるように作り出されたネットワーク技術である。今や世界全体のあらゆる分野でこの技術が利用され、多くの人々がその恩恵に浴しているわけだが、一方で、この技術で莫大な利益を手にしているのが米国の政府である。米国政府にとってインターネットは、自国の覇権的地位を強力に支えるものとなっている。「ウインドウズ」（米国・マイクロソフト社が一九九〇年に発売）を開発したビル・ゲイツ氏は富豪だが、その財は、米国政府への「表に出せない貢献」の対価であるとの見方もできるだろう。

スーパーコンピューターやインターネットが気候変動対策にとって非常に重要なツールであることは間違いない。だが、その出自を忘れてはならないだろう。IT社会は、勝者が敗者から総てを奪い取る究極のデジタル原理、「1か0」の社会を生み出すリスクを常に抱えている。それは一歩間違えば、IT知能が人類の知能を上回り、温暖化問題への究極の対策を人類に強いる時代を作り出すかもしれない――「地球温暖化の要因は人間活動にある。ゆえに解決への一番の対策は、要因（＝人類）の除去にある」と。SFじみた話に聞こえるかもしれないが、完全否定もできないのではないか。ITというデジタル技術から距離を置いた、アナログが持つ曖昧性・不確実性は「人間性」ともいい換えられる。この「人間性」が、ITの対立項として、ITによって厳しく精査、淘汰される社会を想像することは、そう難しいことではないだろう。

地球に存在する生き物の一種として、いや、地球とともに存在するモノの一つとして、人類はどうあるべきなのか。これが、気候危機を生き抜く私たち人類に突きつけられた緊急的かつ最大の問いである。

第二章

欧州の気候変動対策

本書102頁より

本書85頁より

1 ドイツ、イギリスへ留学

国内で環境問題を取材していた頃の私には、一つの夢があった。欧州留学である。海外での取材は何度か経験していた。中日新聞社に入社して四年目（一九九〇年）の長野支局時代は、ニューギニア島西部のインドネシア領イリアンジャヤで行われた五大学（早稲田、東京農大、立教、学習院、大阪芸大）の合同洞窟探検隊に同行したことがある。この探査では、インドネシアで三番目に深い洞窟を確認し、特派員として現地から特報した。

一九九八年、東京新聞（中日新聞東京本社）の社会部に異動してからは、ニューギニア島中北部のパプアニューギニア・アイタペでの津波被害（一九九八年）、オーストリア西部・カプルンでのケーブルカー火災（二〇〇〇年）、ハワイ沖でのえひめ丸と米潜水艦との衝突事故（二〇〇一年）、インドネシア西部・バンダアチェ沖を震源地としたスマトラ島沖巨大津波地震（二〇〇四年）など、いくつかの海外取材も経験することができた。

しかし、二〇〇一年に同社会部の環境省担当記者となり、気候変動問題に絡む激しい国際交渉について現場から取材し始めると、この議論が盛んな欧州に何としても留学し、見聞を広めたいという思いに駆られた。そして当時、環境省の地球温暖化対策課長を務められていた竹内恒夫さん（後の名古屋大学教授）にアドバイスを受け、米国のメリーランド大学で気候変動対策の国際政策比較を研究されていたミランダ・シュラーズ教授（現、ミュンヘン工科大学総合政策学部教授）をご紹介いただいた。

ちょうど二〇〇七年、ドイツ・ベルリン自由大学環境政策研究所の所長として着任が決まっていたミランダ先生は、「あなたもドイツにくればいい」と客員研究員での受け入れを許可してくれた。一方で私は、ミランダ先生とメールで連絡を取り合いながら、イギリス・オックスフォード大学ロイター・ジャーナリズム研究所が募集していたジャーナリストフェロー（特別研究員）の資格試験も準備していた。「ロイター通信」（Reuters News Agency）の名にちなむ同研究所は世界中のジャーナリストに門戸を開いており、日本からもこれまで何人かの記者が留学していた。この試験をパスした私は、二〇〇八年九月から一年間、ドイツとイギリスに留学することになる。ドイツ、イギリスでの留学の後には、二〇一〇年開催の国連生物多様性条約第一〇回締約国会議（ＣＯＰ10、名古屋）が待っていた（本書第一章10節参照）。留学先でそのときのための自力をつけておくことも、私自身にとっては重要な課題の一つだった。

留学二カ月前の二〇〇八年七月には、北海道洞爺湖サミット（先進八カ国首脳会議［Ｇ８］）が開かれ、私も取材メンバーの一員として参加した。

このサミットは「気候変動」がメインテーマであり、各国首脳は「二〇五〇年までに、世界全体の温室効果ガス排出量を少なくとも五〇％削減するという長期目標」に合意、さらには森林保全や生物多様性、３Ｒ（廃棄物の削減Reduce、再使用Reuse、再生利用Recycle）、持続可能な開発のための教育（ＥＳＤ）への国際協力も合意された。

ただ、このときの米国の首脳は二〇〇一年に「京都議定書」からの離脱を表明したブッシュ（子）大統領であり、一連の合意の実効性には大きな疑問が投げかけられていた。まがりなりにも長期目標が合意されたのは、議長国・日本の福田康夫首相（当時）と前年のサミット開催国・ドイツで議長を務めたアンゲラ・メルケル首相（当時）による尽力だったたと思う。

記者たちが宿泊するホテルは、サミット会場となった洞爺湖湖畔の高級リゾートホテルから小一時間ほど離れ、しかも相部屋だった。この記者用ホテル内には、内外の報道陣向けに国際メディアセンターが併設されたが（本書四九頁写真参照）、米国の報道陣だけは同ホテル内の別の建物に特設のプレスセンターが設けられていた。サミット取材においても米国の優位性は露骨に示されていると感じた。

2 緑の首都ベルリン

二〇〇八年九月二一日、ドイツ・ベルリンのテーゲル国際空港に降り立った。初めて浴びるベルリンの風。いよいよドイツでの留学生活が始まる。

ベルリン市内をバスで走ると、風景全体が灰色に見えた。新古典主義建築の傑作ブランデンブルク門をはじめ、帝都の面影を残す伝統的な建物が数多く残る街。旧東ドイツ時代に建てられた老朽ビルもあちこちに見られる。

最初に住んだベルリン中心部、ミッテ地区の周辺は、まさにそうした灰色の色彩に包まれた街だった。下宿先はパレスチナ人夫婦が住む古びたアパートの四階である。あらかじめ、WG《ヴェーゲー》と呼ばれるドイツのシェアハウスのサイトから選んで見つけたものだ。この夫婦とメールでやり取りし、六畳ほどの広さのベッド付きの部屋をひと月二〇〇ユーロ（当時で約二万四〇〇〇円）の家賃で住むことにした。

アパートは古かったが四階のテラスからはテレビ塔が望め、遠くに広がる緑も美しく、朝食をこ

ベルリンの中心部、ミッテにある下宿先のアパートから見た外の風景。灰色がかった建物が多く、旧東ドイツの雰囲気をまだ残していた。

こで取るのは最高だった。ただパレスチナ人夫婦はイスラム教徒なので酒も豚肉もご法度だ。スーパーでビールやワイン、ソーセージを仕入れてくる私を見る目は何となく冷たく見えた。

実は、大家さん夫婦の都合で、このアパートには入国してから一〇日間ほど入居できなかった。このため、ミランダ先生が、親切にもご自宅に居候させてくれることになった。食事も提供してくれ、本当にありがたかった。

ベルリンで私が最も多く利用していた乗り物は自転車である。鉄道やバスにそのまま載せることができ、かなり使い回しがよいベルリンの足として、市民には欠かせない乗り物だ。新車の値段は高く、一台当たり軽く五〇〇ユーロ（六万円前後）を要する。そのため、様々な中古品を売る「のみの市」で旧西ドイツ製のものを一七〇ユーロ（約二万円）で調達した。この自転車に子ども用座席を後ろに付け、七歳の息子を乗せてあちこち走り回った（妻と息子はこの年の一二月にベルリンにやって来た）。

自転車でベルリン周辺を走ると鉄道沿線だけでなく、至るところに緑地帯や公園が広がっていることに気づかされた。生活するうちに、入国当初の灰色の色彩から緑の色彩に、この街のイメージが変わっていった。

ベルリン市内の自転車屋さん。一台500ユーロ前後と高く、太いワイヤーロック２本を使用する人が多い

色彩といえば、翌二〇〇九年の六月、国連気候変動枠組み条約締約国会議（ＣＯＰ）の非公式会合などを取材するためドイツのボン（同条約事務局がある）に滞在した折、宿泊したユースホステルの窓から見えた森の色を思い出す。雨に濡れたその森をぼんやりと眺めていた。国民画家と呼ばれた東山魁夷（一九〇八～九九年）の描く、数多くの森の色彩に非常に似ていることに、はっとさせられた。

東山魁夷氏は若き二〇代にベルリン大学で美術史を学び、その後、フライブルク（ドイツ南部）の教会画「晩鐘」（一九七一年）を描くなど、ドイツとの縁が深い。私が中日新聞長野支局に勤務していた新人時代、東山氏が長野県立美術館に作品を寄贈することがあり、その取材で話を伺う機会があった。このとき東山氏は「夕静寂《ゆうせいじゃく》」などの寄贈作品群について、長野県木曽地方で体験したエピソードを話された。ある日、雨宿りをしていたとき、軒先を借りた女性に木曽の山々を一望できる場所を案内された。その風景に霊感を得たのがきっかけで、独自の画風の作品群が生み出されたのだという。

このエピソードは東山氏の作風を語る上で有名な話だが、個人的にはドイツの森の色彩も、多くの作品に影響を与えていたのではないかと思っている。すでに専門家の間では自明とされていることかもしれないが。

3　ベルリン自由大学環境政策研究所

ドイツ留学の渡航時には、受け入れ先のベルリン自由大学に向かう前に、約一週間ほどドイツの大手電装メーカー、ロバート・ボッシュ社に関連するロバート・ボッシュ財団の国際交流企画「日本人ジャーナリスト欧州招聘事業」に参加した（二〇〇八年九月二一～二六日）。

同社は売り上げ規模が約一〇兆円。自動車の電装機器やエネルギー・建築関連機器などを幅広く扱う。財団は主要株主の立場で多種多様な慈善活動を行っている。私が参加した事業のテーマは「地球温暖化」であり、ベルリン日独センターと早稲田大学が協力機関として加わっていた。財団からは、私のドイツ留学計画に対して、一年間のオープンチケットやベルリン滞在中の宿泊先の手配など、多大な配慮をいただいた。

視察は、ベルリン近郊やベルギー・ブリュッセルのEU本部を訪問して気候変動やエネルギー担当委員への聞き取りを行ったり、風力発電所を視察したりと盛り沢山で、留学生活を前に多くの刺激を得ることができた。

こうして約一週間の視察を経た九月二七日、ベルリン自由大学環境政策研究所の門を叩くこととなった。

ベルリン自由大学は一九四八年に米国の資金援助によって西ベルリンに開設され、旧西ドイツ時代から西側社会を象徴する国立の総合大学として多くの研究者を輩出してきた（第二次世界大戦後の一九四八年から統一ドイツ成立の一九九〇年まで、ベルリンは米国、イギリス、フランス、ソ連の共同管理下に置かれ、ソ連が管理する東部［東ベルリン］は東ドイツの首都として、また米英仏が管理する西部［西ベルリン］は西ドイツ領の一部として分断されていた）。同大学付属の環境政策研究所は、環境立国ドイツを代表する研究機関である。日本でも翻訳著書（『福島核電事故を経たエネルギー転換』共著、壽福眞美

ベルリン自由大学環境政策研究所。ナチス・ドイツ時代から使用されてきた歴史ある建物だ。客員研究員として机と本棚のある部屋で研究することができた

訳、新評論、二〇一八年）などを持つペーター・ヘニッケさんが長年所長を務め、二〇〇七年からはミランダ先生が新任の所長に就任していた。

ミランダ先生は研究所で私を待っていてくれた。真っ青な秋空のもと、スーツケースを転がして建物に向かっていくと、部屋の窓から先生が笑顔で手を振った。その情景が今も目に浮かぶ。ベルリン南西部に位置する研究所は地下鉄ティーエル・プラッツ駅から歩いて一〇分ほどの場所にあった（プラッツは公園の意）。白い瀟洒な洋館で、第二次世界大戦中はナチス・ドイツから依頼された研究を行う受託施設として使われ、ガラス張りの近代的な校舎が多いベルリン自由大学の中ではかなり古い建物である。もちろん現在はエレベーターも整備され、研究施設としては何ら遜色がない。

「客員研究員」としての私には机と椅子が用意された。本棚もあった。秘書のブラスタさんが、大学事務所まで同伴し、大学のネットワークへの登録や、学食用のプリペイドカードの手配など、留学生活に必要な手続きを取ってくれた。

ベルリン自由大学には留学生用のドイツ語プログラムがなかった。このため、語学講座のある別

の教育施設を探す必要があった。私は、フンボルト大学語学研究所とベルリン工科大学の二つのドイツ語講座に的を絞った。

当たりをつけるためフンボルト大学本部校舎の国際学部を訪ねたときは、ブッフマン先生という方が応対に現れた。さっそく相談すると、「これを持って語学研究所へ行きなさい」と、突然訪問した見ず知らずの日本人に自身の名刺を渡してくれた。

同大学語学研究所は、東京・銀座のような華やかな店が立ち並ぶベルリンの中心街、ベルリン市内を山手線のように走るSバーン（都市近郊線）のフリードリッヒ・ストラッセ駅（東京でいえば有楽町駅）近くにある近代的な建物だった。受講を希望する大勢の留学生たちがすでに列をなして並んでいた。申し込みの際、ブッフマン先生の名刺を差し出すと、驚いたことにすぐに受講が認められた。応募者数はかなり多く、門戸は狭かったと思う。ミランダ先生に「入学できた」と報告すると、彼女もびっくりしていた。ブッフマン先生には心から感謝！であった。

ドイツ語講座に通ったフンボルト大学語学研究所。ベルリンの「銀座通り」、フリードリッヒ・ストラッセ駅近くにある

同大学語学研究所の講座では、ラジオのディスクジョッキーの仕事もしているという講師の先生が楽しく授業をしてくれた。トルコ、スペイン、イタリ

アなど様々な国からやって来た留学生が和気あいあいと学んでいて、非常にフレンドリーな環境だった。

一方、ベルリン工科大学の語学講座は、難なく受講の許可が得られた。同大学は市内西部の地下鉄アーネスト・ロイター・プラッツ駅近くにあった。工科大だけあって、コンクリートむき出しの無機的な校舎が並んでいた。講座申し込みの受付スタッフにはアジア系と思われる女性もおり、「日本人ですか」と尋ねると「韓国です」との返事が返ってきた。ベルリンのアジア系留学生で最も多いのは中国人。ベルリン滞在中、日本人留学生に出会うことはまずなかった。

ベルリン工科大学は地味な雰囲気の大学だったが、カフェテリアで出されるチャイティーは絶品だった。シナモンが効いて、給仕のおばさんが大きなタンクから注いでくれた。ハムを挟んだパンは二ユーロ（約二四〇円）ほど。安く食べられるのは助かった。

こうしてベルリンでは、ベルリン自由大学、フンボルト大学、ベルリン工科大学の三つの大学に通うという贅沢な体験をすることができた。

エネルギー政策の授業のほか、ミランダ先生が指導する「気候変動政策を各国比較する」ゼミにも参加した。留学期間にあたる二〇〇八年から二〇〇九年にかけてはちょうど「京都議定書」の「第一約束期間」（二〇〇八～一二年）が始まった時期で、国際交渉の現場では二〇一三年以降の取り組みが「第二約束期間」として継続できるかどうか、あるいは「京都議定書」に代わる別の枠組みが

ベルリン自由大学環境政策研究所でのゼミの様子。院生が各国の立場で温暖化政策を主張するシミュレーションも行われた。終了後はワインを飲みながらのコミュニケーションタイムとなる

成立可能かどうかの議論が盛んに行われていた（本書第一章4節参照）。一般に、大学の院生たちの目的は、修士・博士号の資格を取ることにあり、当然ながら論文中心の研究にならざるをえないのだが、私の場合は、やはり現在進行中の国連会議の取材に役立つ現状分析に自ずと力が入った。

同研究所には、ドイツ国内はもとより、欧州各国やインドネシアなどからやって来た多数の若手研究者が在籍していた。研究所生活で最も魅力だったのは、ゼミが終わった後に行われるティータイムやワインを飲みながらの歓談だ。大きな冷蔵庫や食洗機のあるキッチンに集まり、ピザを焼いたりしながら、私的な話題も含めてざっくばらんな会話を楽しんだ。研究者同士のこうしたアットホームな交流は、論文発表を通じた関係づくりよりも遥かに重要だと感じた。

ミランダ先生はこのような場を最も大切にし、皆が自発的かつ気軽に参加できるよう采配していた。新型コロナウイルスの影響により世界中でこのような機会が損なわれてはいまいかと心配だ。ミランダ先生は、その後、ミュンヘン工科大学に移られたが、コロナ禍

の今も、きっとオンラインも活用しながら学生・研究者との交流を深め合っているに違いない。

4 ベルリンの温暖化防止施策

先に触れた通り、ベルリンは一九四八年に米英仏管理下の西ベルリンとソ連管理下の東ベルリンに分断された。東ドイツの首都はベルリンとなり、西ドイツの首都はボン（一九四九年）となった。このため、当時、西ドイツ領のベルリンつまり西ベルリンは、東ドイツ領の中に飛び地として存在していた。

冷戦の緩和で統一ドイツが成立し、東西ベルリンが首都ベルリンとして合体したのが一九九〇年。ベルリン市内では今も西高東低の経済格差が指摘されているが、環境への取り組みが盛んな、緑豊かな森林首都という印象は強い。約三七〇万の人口を持つベルリンの総面積は約九〇〇平方キロメートル（東京都の約五分の二）、うち四三%が森林、湖沼・河川と農地だ。首都中心部には「ティア・ガルテン」（動物公園）という名の文字通りイノシシが出没する森林公園があり、市内南西部の地下鉄クルーメ・ランケ駅から徒歩一〇分ほどのところには、水泳のできる同じ名前の湖[1]がある。

ベルリン市郊外には、魚が泳ぐ自然の湖クルーメ・ランケがあり市民の憩いの場となっている

東京大空襲で東京が焼け野原になったように、ベルリンも連合軍（米英仏ソ）の徹底的な空爆により、街のほとんどが焼き尽くされた（窮地に追い込まれたヒトラーが自殺した場所は、ベルリン・ブランデンブルク門近くの地下壕だった）。ベルリンの都市整備は、戦後復興期を経て、東西統一の一九九〇年から再起動的に始まった。

この再起動的都市整備が環境保全的側面からアプローチされたことは、温暖化対策の面で、欧州全体の都市づくりに一定のモデルを提供したように思われる。

ベルリン中央駅はガラス張りの未来的な建物だが、このガラス部分には太陽光パネルが設置されている。私が滞在していた二〇〇八年から二〇〇九年当時は、まだ、このパネル

ベルリンの街のあちこちには「再生可能エネルギーは雇用を生む」と看板が。SPD はドイツ社会民主党

の発電効率は建物内の一部に役立てる程度の限定的なものだったが、すでにこの時代、ベルリン州政府（ドイツは連邦国家。各州に政府が置かれている）は住民一人当たりのCO_2排出量を二〇一〇年までに一九九〇年比で二五％削減する目標を掲げていた。

首都中心部にあるドイツ連邦議会議事堂は旧帝国議事堂を改修したものだが、歩いて周回できる屋上には光を反射する巨大なガラスドームが設置されていて、ベルリンの象徴となっている。このガラスドームもまた、環境に配慮した機能を備え、議場内の照明や空調に役立てられていた。

議事堂には、菜種油を燃料にした発電機も備えつけられている。冬季はその排熱で地下三〇〇メートルにある貯水タンクの水を七〇度に温め、パイプを通して循環させて暖房（オイルヒーター）に利用する。コジェネレーション（廃熱発電）システムと呼ばれるものである。また、地下六〇メートルには、冬季に五℃の冷水が貯水され、夏の冷房に活用される。これらのシステムによって議事堂の電力の八割が賄われているという。

同じく首都中心部にある「ポツダマー・プラッツ」（ポツダム広場）には、約七万平方メートル（東京ドームの約一・五個分）の敷地内に、ソニーセンター（日本のソニーが造った白い富士山型のモニュメント）を含め約二〇のビル群からなる複合商業施設「ダイムラーシティ」がある。近くには、あのフェルボルト・フォン・カラヤンが指揮を執った世界最高峰の交響楽団であるベルリンフィルの本拠地、ベルリン・フィルハーモニーホールがある。黄色を基調とした三角屋根のこの建物は、「カラヤン・サーカス」と呼ばれ、世界中から多くのクラッシックファンが訪れる。冬季には、地下鉄ポツダマー・プラッツ駅近くに即席のゲレンデが作られ、ソリ遊びを楽しむ子どもたちの歓声が響き渡る。このエリアは東京でいえば渋谷駅周辺といったところか。

このポツダマー・プラッツ周辺エリアは、一九九一年にベルリン市がコンペを開始した当時、欧州最大の「開発現場」といわれ、車両による大規模な資材輸送が都市環境に多大な負荷を与えかねないと問題視されていた。そこで、建設現場には道路輸送量を減少させるために鉄道や水路が引かれた。これによって一日当たり、資材四〇トン分のトラック輸送が削減され、首都全体の渋滞も緩和されたという。「緑の都市整備」における一つのモデルといえる。

5 ベルリンの緑化施策

ベルリンの「緑の豊かさ」はどうやって維持されているのか。ベルリン市の都市計画担当者に取材した（二〇〇九年六月）。前述の通り、ベルリンの森林や湖沼、河川、農地を入れた緑化率は四三%。ちなみに東京二三区の「みどり率」（屋上緑化、河川、公園を含む）は二四%だが、人口密度を加味して比較すると両都市の「緑の環境度」には大きな差があることがわかる（ベルリン：総面積約九〇〇平方キロ、人口約三六七万／東京二三区：総面積約六〇〇平方キロ、人口約九六七万）。

ベルリン市都市景観課で森林・狩猟・植林保全リーダーを務めるイングリッド・クローズさんは、「東京は建物が建ちすぎている。その中で緑を増やすには、ビルの屋上を利用した緑化推進が現実的です」と指摘した上で、「ベルリンの都市計画は一八六二年、現在の目抜き通り、ウンターデンリンデンを中心に区画を作ったのが始まり。すでに一九〇〇年初めには、住宅には太陽・空気・光の三要素が不可欠とされ、以来、アパートに中庭を取り入れるなど、生活空間の緑化が積極的に進められてきました」と説明する。

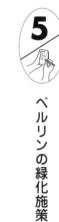

ウンターデンリンデンは、Sバーンのフリードリッヒ・ストラッセ駅近くの目抜き通り。リンデンは菩提樹の木、ウンターは下という意味だから、「菩提樹の木の下通り」ということになる。ブランデンブルク門から東へ、テレビ塔のあるSバーン・地下鉄のアレクサンダー・プラッツ駅までつながるこの通りには、おしゃれなカフェや、森鷗外の『舞姫』（一八九〇年）のモデル、恋人エリスがドイツ留学中の鷗外と会ったといわれるマリエン教会もある。

私が当初下宿していたベルリンの中心部、ミッテ地区のアパートも、内側には中庭、いわゆるパティオがあり、木々が植えられていたし、その後移り住んだ市内南西部の地下鉄ルーデスハイマー・プラッツ駅近くの古典的な五階建てのアパートも、中庭には広い緑の空間があった。

この五階建てのアパートはロの字型に建てられているため、外部に開かれたものではなく、あくまでアパートに住む住民のためのプライベートな空間だ。ベランダや窓はこの中庭に向かって造られており、住民は外側の車の騒音を気にすることなく、コーヒーを飲みながら緑を楽しむことができる。住居にはそういう工夫が凝らされている。

ただ、ロの字型ゆえに、対面に住む人々同士は、お互い、見ようとしなくても自然に目に入ってくる。見えてしまうのだが、それは「見ない」のが常識というドイツ人一流のプライバシー概念がこの不都合を解決してくれているようだ。ドイツではベランダに洗濯物を干さないのが不文律としてある。室内に大きな物干し具を置いて干すのだが、乾燥した気候のため、一日でパリパリに渇く。

何かベランダに物を干そうものなら、途端に他の住居者からクレームがつく。神経質すぎるとも思えたが、住景観を大切にしてきたこの街の文化の一端を垣間見た気がした。

地下鉄ルーデスハイマー・プラッツ駅の駅名は、ドイツのライン川沿いにある著名なワイン産地にちなんで名づけられた。駅から地上に出ると、ルーデスハイマー・プラッツ（ルーデスハイマー広場）があり、花壇と森林からなる園庭では、夏季、野外ワインバーも開設され、多くの市民が訪れる。地元の町会的な組織がライン川のワイン醸造所から毎年、好みの蔵《くら》を選定し、ゼクト（ドイツのスパークリングワイン）や赤・白のワインが格安で販売される。ドイツワインというと甘い白ワインをイメージしがちだが、しっかりとした辛口の豊潤な白ワインが堪能できる。ドイツの夏の夜は午後九時くらいまで明るい。夜遅くまで緑に触れることができる。そうした時間環境も、木々の緑を大切にするベルリン市民のライフスタイルに色濃く反映されているのかもしれない。

クローズさんは、「ベルリン市民は、生活と切り離すことのできない木々の存在にとても敏感です。それは、ただ見て楽しみたいからではなく、自分が吸う空気を、人間らしく生きるための欠かせない要素と考えているからです」と強調する。そしてベルリン市が行っている緑化資金の調達の仕組みをこう説明してくれた。「たとえば、個人の土地に高さ一・三メートル以上、太さ六〇センチ以上の木があり、開発のために事業者がこの土地を購入し木を処分せざるをえなくなった場合、事業者は市当局との協議が必要です。切る場合、同じ種類の木を別の場所に移植するか、移植しない場合、一本につき八〇〇ユーロ（約一〇万円）を支払わなければならない。後者の場合は、このお金を元に、市が別の土地で緑化を進める、という仕組みなのです」。

クローズさんを取材した当時、ベルリン市では、ベルリン中央駅の北方面にある「ベルリンの壁」の跡地約二二キロを「グリーンベルト」として整備する計画が進んでいた（一九六一年から八九年まで、東西ベルリンを分断していたコンクリートの「壁」の全長は一五〇キロに及んだ）。個人が所有していた個々の「壁」の跡地をベルリン市が購入し、グリーンベルト化（緑地化）した上で、その一帯にある公園をつなぎ自転車も往来できる遊歩道にする計画である（二〇二二年現在、このグリーンベルト化計画は、「ベルリンの壁」を含む旧東西ドイツの国境線約一四〇〇キロにわたり、景観と生態系保護の観点から整備されている）。

「『ベルリンの壁』の跡地はグリーンベルト化する」と説明するイングリッド・クローズさん

日本、特に東京などの大都市では、市民に長年愛されてきた桜並木などが、大規模マンション開発等によって容赦なく切り倒されている。法的に建築認可が下り、「住民説明会」を開きさえすれば、着々と工事が進められると事業者は考えている。たとえ周辺住民が反対の声を上げたとしても、建設敷地内の利害関係者でない

「少子高齢社会で、緑化こそが都市の質を高める」と語るハンス・シュトマンさん

限り、そうした声はほとんど無視されているのが実情だ。

クローズさんはこう指摘する。「都市部の緑化には、かなりの時間と手間が必要です。ですから政治的な調整が重要になります。資金も相当かかります。何よりも重要なのは、市民が緑を守りたいと思ったとき、その声を社会的な意思表明として汲み上げていく公的サポート体制がそこに存在していることなのです」。

一九八九年の「ベルリンの壁」崩壊後、一九九一年から二〇〇六年までベルリン市建築・住宅庁建築担当局長などの重職に就いてきたハンス・シュトマンさん（ドルトムント工科大学名誉教授）にもお話を伺う機会があった。

東京・新宿を訪れたことのあるシュトマンさんは、「東京都庁［高さ二五〇メートル］はケルンの大聖堂［高さ一五七メートル］のように巨大だが、それを凌ぐ巨大なビル群が都庁の周りに壁を作っている。街全体が灰色の建物で埋め尽くされている」と東京のイメージを語る。

そのシュトマンさんが、ベルリンの街づくりの歩みについて、こう振り返ってくれた。「敗戦直後のベルリンは爆撃で焼き尽くされ、個人所有の土地はわずか一二%しかなかった。裕福な人たちは米国に渡り、一般の人々もミュンヘンなど西ドイツ側に移住したからです。この非常に特殊な事情が、行政主導の戦後の街づくりに大きな影響を与えたのです。〔…〕米ソ冷戦中、西ベルリンはロサンゼルス的な街づくりを、東ベルリンはモスクワ的な街づくりを目指しました。東西統一後の課題は、この不整合をどう整えていくかでした」。敗戦から四〇年以上を経て、統一後の首都ベルリンは新たな体制のもとで、新たな街づくりを開始したわけだ。

すでに述べたように敗戦直後の一九四八年、西ベルリンは米英仏の西側三カ国の分担管理下に、東ベルリンはソ連の管理下に置かれた。このとき、西ベルリンの通貨改革に反発したソ連は「ベルリン封鎖」（西ドイツと西ベルリンの、および東西ベルリン間の陸上交通路封鎖。一九四八年）を行った。西側三カ国、特に米国はこの措置に、食糧・物資などを西ベルリンに空輸することで対抗した（ベルリン大空輸作戦）。こうしたいきさつもあり、西ベルリン地区は世界的に見ても、冷戦時代を通じて米国から最も直接的な影響を受けてきた街の一つだといえる。

統一後の新たな街づくりについてシュトマンさんは、米国型でもソ連型でもない、欧州独自の道を目指すことにしたという。「西ベルリン地区をロサンゼルス的な近代的都市にしようという米国のかつての政策を否定し、私は一九三〇年代の欧州的な街並みへの回帰を選びました。建物の高さは二二メートル以下に、また道路の最大幅は二八メートル以内に制限しました。そもそも都市計画とは、そこに住む人々が享受できる、統一的な街並みを守るためにあるのですから」。

　東京・新国立競技場「杜のスタジアム」を設計したことで有名な建築家の隈研吾氏に、パリのシンポジウムの折にインタビューしたことがある（ドイツ留学中の二〇〇八年一一月一九日、パリ日本文化会館）。「東京の街づくりは、取り返しのつかない段階まで失敗を重ねてしまった」というコメントが強烈だった。そういえば、私自身、取材でヘリに乗って首都上空を飛んだとき、高層ビル群に囲まれた緑広がる皇居が「巨大な人工盆地」のように見えて異様な感覚に陥ったものだ。

　ベルリンの街づくりについてシュトマンさんは、「緑の確保には、敷地を手放す個人住宅を行政が購入し、街のあちこちにポケットパーク（小公園）を点在させる方法が有効です。大きな公園も大事ですが、緑化を下支えするのは、あくまで身近な暮らしに直結した、いつでも気軽に足を延ばせるいくつもの小さな公園なのです。資金はかかりますが、細切れで土地が売られていくのを見逃さず、行政が買い取る仕組みを作り上げていくべきです」と提案する。

　私たちが共有すべき今後の街づくりについては、こう語ってくれた。「『ベルリンの壁』は冷戦の象徴でした。しかし、ベルリン市民は今、その跡地を人類の平和と環境保全の象徴にしようと考えています。先の大戦では東京も焼け野原となり、復興の道を歩んできました。そして長い年月を経て、現在は互いに少子高齢社会を迎えています。私たちには共に目指すべき道があるはずです。それはおそらく、お年寄りや子どもたちが自由に緑に親しみ、近所の人と出会う小さな広場を沢山造っていくことではないでしょうか。東京もベルリンも緑化こそが都市の質を高める鍵なのです」。

東京をはじめ、日本の都市の現状を見渡すと、たとえば樹齢何百年といった貴重な樹木が保護されることはあっても、どこにでも見られる「切らないでほしい木」が簡単に切られてしまうケースが無数にある。メディアや自然保護団体が取り上げない、こうした身近な「緑の喪失」に対処するにはどうしたらよいだろうか。

ベルリン市が取り組むような、行政の相談窓口の充実や、開発と環境に関わる法整備、緑化とリンクしたグリーン税制（土地の相続税・固定資産税が対象）の導入といった施策をモデルにして、日本の都市も大きな突破口を見出していく必要がある。

COLUMN

コラム① ドイツの気候変動対策

地球全体の平均地上気温を、産業革命時を基準に今世紀末には二℃未満、可能なら一・五℃以内に抑える目標を明記した二〇一五年の「パリ協定」。これを受けてドイツは二〇二〇年段階で、温室効果ガスの排出を一九九〇年を基準年として二〇三〇年までに五五％、

ベルリン近郊の風力発電所をローターの上から撮影。一人乗りの作業用エレベーターで登った

二〇四〇年までには八五～九〇%の削減を目指すとしている。ドイツ連邦政府が策定した二〇一六年の「地球温暖化防止政策二〇五〇」に基づき、すでに二〇一七年末には二八%の削減を達成。こうした実績を世界に示すことによって、今世紀後半までに世界全体で「カーボンニュートラル」を実現すべきだとしている。

ＥＵ全体では、二〇三〇年までに最低四〇%の削減を掲げている。ただし、施策の中心はＥＵ域内の排出量取引であり、大工場を持つ約一万の企業や、石炭火力発電所などを持つ電力会社がその主な対象とされている。

太陽光発電や風力発電などの再生可能エネルギーについては、ドイツは二〇〇〇年の「再生可能エネルギー法」を基礎に地道な取り組みを重ねてきた。石炭、石油、天然ガスなどの化石燃料や原子力からの脱却を進め、遅くとも二〇五〇年までに、国内電力供給量の少なくとも八〇%を再生可能エネルギーに転換するとしている。

一方ドイツは、石炭、石油、天然ガスの多くをロシア、ノルウェーなどからの輸入に頼ってきた。すでに述べてきたように、今回のウクライナ危機によって世界のエネルギーの需給体制が大きく乱れるような事態になれば、ドイツにおける段階的なエネルギー転換のシナリオにも変更を加えざるをえなくなるだろう（本書第一章7節参照）。メルケル政権（二〇〇五〜一二年）時代はロシア・プーチン政権と友好的な関係を維持し、ある意味、ロシアの覇権主義を容認してきた。しかし、今やウクライナをめぐる非人道的行為は放置できない局面にまで来ている。対ロシア経済制裁として行われているＥＵによる禁輸措置は、原発再稼動の可能性を残しながらドイツのエネルギー転換にも多大な影響を与えていくものと思われる。

COLUMN

コラム② ドイツのプラスチックごみ対策

ストローが鼻に刺さったウミガメの写真を見たことがあるだろうか。中米コスタリカで撮影されたものだが、二〇一五年一〇月頃からインターネット上で拡散し大きな話題となった。[2] 世界的に広がる海洋プラスチックごみ問題の深刻さを改めて思い知らされた。

プラスチックごみ問題といえば、昭和の日本では普通に見られた「買い物かご」が、スーパーのビニール製レジ袋に取って代わられて久しい。「容器包装リサイクル法」の改正（二〇〇八年完全施行）や「プラスチックに係る資源循環の促進等に関する法律」（プラスチック資源循環法、二〇二二年四月施行。本書一六三頁参照）によって、お店の負担軽減策とビニールごみ軽減策をマッチさせた取り組みが普及し、「自前のエコバッグ」も少しずつ定着しているが、ドイツではすでに「エコバック」は当たり前の習慣である。

そのドイツで特筆すべきは、ペットボトルや缶、ビン等の飲料水の容器に課すデポジット制度の運用の仕組みだ（デポジット制度とは、飲料水などを販売する際、あらかじめ一定の金額を上乗せし、空の容器を返せば当該の金額を返却する制度のこと。資源の再生利用・再利用と環境対策を目的とする）。

ドイツ留学中は、日本で昔からなじんだ味を求めて、ベルリンの駅の売店やカリーブルスト屋（ソーセージのカレーソースがけの屋台）でファンタオレンジをよく買った。ペットボトルに入ったこのドリンクは約一ユーロちょっと（当時で約一八〇円ほど）。容器をお店に返すと二五セント（約三〇円）が戻ってくる。面白いのは、買った店でなくてもデポジット料金として換金できることだ。これは包装廃棄物政令（その中の「強制デポジット制」は二〇〇三年施行）に基づくものだが、小銭をもらうたびに、ちょっと得した気持ちになった。デポジット対象は、ビール、ミネラルウォーター、コーラ、レモネード、スポーツ飲料などの容器で、牛乳、ワイン、スピリッツなどの容器は対象外として使い捨て扱いとなっているが、いずれも再生、再利用されることに変わりはない。

ベルリンのスーパーに設置された大型の飲料水容器選別機。デポジット容器にはクーポンシートが発行され、レジで換金できる

ドイツの資源ごみ分別回収箱（ビン専用）。箱は3つに色分けされている。白色は透明のビン、緑は緑色のビン、茶は茶色のビンを捨てる

デポジット料金は、一・五リットルまでが二五セント、それ以上が五〇セント。使い捨て容器についても価格の中に再生・再利用のための経費が転嫁されているが、容器回収度が低いものは、デポジット対象商品と比べ割高となっている。デポジット制度は、返金によって消費者の購買意欲と容器回収度を高めるためのものだ。この「ちょっと得した気持ち」がプラスチックごみ対策につながっていると感じた。

ほとんどのスーパーには大型の容器選別機が置いてあり、ペットボトルや缶をドラムの中に放り込むと、機械がサイズや容器の種類を選別して、返金分相当の小銭がじゃらじゃらと出てくる（デポジット対象外の容器も選別される）。

街の通りにも、色とりどりの資源ごみ分別回収箱が設置されており、イギリス、フランス、イタリアなどを訪れたときの印象と比べても、こうした機械や設備が最も充実しているのはドイツだと感じた。

日本のプラスチックごみ対策にも「ちょっと得した気持ち」にさせる工夫が必要だろう。もっとも、地球環境に著しい負荷を残すプラスチックの生産量自体を減らしていくには、ファンタオレンジを飲む量も考えなくてはならないかも、と思案している。

6 オックスフォード大学ロイター・ジャーナリズム研究所

さて、私の留学生活は、ベルリンをベースにして、イギリス・オックスフォードにも足を延ばすことになる。二〇〇九年一月上旬から三月末までの約三カ月間をメインに、オックスフォード大学ロイター・ジャーナリズム研究所で学ぶことになっていた。

二〇〇八年一〇月下旬、入学や住居の諸手続き、そして同研究所との事前打ち合わせのため、ベルリンのショーネフェルト空港（現、ブランデンブルク空港）からイギリスのヒースロー空港へ飛び、そこからバスでオックスフォードへ向かった。四日間ほどの滞在である。

オックスフォード大学は、イングランド中部のオックスフォードシャー州の州都オックスフォード市にある。ヒースロー空港から高速直行バスで北西へ約一〇〇キロ、その名の通り、オックスフォード（牛OXの渡渉点ford）とは、牛に荷を曳かせ歩いて渡るようなぬかるんだ浅瀬の土地を意味し、ロンドンからはかなり離れた田舎だ。

高速バスの車窓に広がる牧草地を眺めているうちに、中世の古色蒼然とした街並みに入っていく。

一二世紀創設のオックスフォード大学とともに発展してきたこの街の、威厳に満ちた石造りの建物は、近寄りがたいアカデミズムの象徴のようだった。

オックスフォード大学には現在、三六のカレッジがある。カレッジは複数の学部からなり、それぞれがドミトリー（寄宿舎）を持つ。学生と教員は文字通り寝食を共にしながら学びと人生の在り方を論じ合う濃密な空間を共有する。カレッジ自体が独立した組織となっている。自治体で喩えれば東京都が二三の特別区と市町村で構成されているようなものだ。

このような形態の大学は日本には見当たらないが、ユニバーシティ（University）を訳せば総合大学となるように、カレッジの集合体の総称がUniversity of Oxfordなのだ。日本ではカレッジというと単科大学という位置づけだが、これとも大きく異なる。

同大学の知の拠点であるボードリアン図書館の中核的存在、「ラドクリフ・カメラ」（一七三九年に建てられた円筒形の図書館）をはじめとするゴチック様式のほとんどの建物は、オックスフォードシャー州北部にあるコッズオルズから採られた少し黄色

オックスフォードはもともと牛がたむろする沼地だった

オックスフォード大学の象徴、図書館「ラドクリフ・カメラ」(右)。中世を感じさせるゴシック様式の建物が並ぶ

味がかった肌色の石材で建てられている。カレッジの教会の高い塔が街じゅうにそびえることから、オックスフォードは「尖塔の街」とも呼ばれているが、街の雰囲気は、そうした石材の存在感によって醸し出されているように感じた。

ロイター・ジャーナリズム研究所は、三六のカレッジの一つで、「グリーン・テンプルトン・カレッジ」に付属する研究施設だ。このカレッジはその前身である「グリーン・カレッジ」と「テンプルトン・カレッジ」が合体してできたもので、当カレッジのエンブレムの中心には「蛇」と「杖」があしらわれている。ギリシャ神話に出てくる医療の象徴で、世界保健機関（ＷＨＯ）のマークに似たデザインだ。医学と国際関係学に軸を置く当カレッジの中で、ロイター・ジャーナリズム研究所は国際関係学のカテゴリーに位置づけられている。

研究所は、カレッジの中心施設から東へ約五〇〇メートルほど離れたノーハムガーデン一三番地にある一九世紀のレンガ造りの洋館で、研究所エリアと住居エリアに分かれていた。私は当初、研究所が紹介する学生向けの寮に入る予定で、すでに予約金も入れていたが、研究所を訪れた日、総括マネージャー（アドミニストレーター）を務めていたリマ・ダポウズさんから「研究所に住んだら！」といわれ、結局この洋館の住居エリアに住むことになった。家族（妻と長男）での滞在を勘案して便宜を図ってくれたようだ。

「グリーン・テンプルトン・カレッジ」で最も多用したゼミルーム。大きな楕円形のテーブルで意見が活発化した

フレンドリーなリマさんとは非常に相性がよく、その後の留学生活においても、お互い、家族や仕事のことなど何でも打ち明ける仲となっていった。旦那さんはデータ・ムーアさんといい、ドイツ人の技術者である。その関係でリマさん一家はベルリンにも家を持っていた。英独を行き来する私とはこの点でも馬が合った。データさんは日本に勤務した経験もあり、娘さんのタベアさんにはサクラというセカンドネーム

オックスフォード大学ロイター・ジャーナリズム研究所。左手3階に住んでいた

選考に際し筆者（左）を推してくれたパディ氏と妻・妙子。オックスフォード大学で

を付けるほど日本好きである。リマさん一家は今も私にとってとても大切な友人だ。

もう一人、同研究所の元所長、パディ・コールター氏の存在も重要だった。パディ氏は今回の留学の選考過程に関わった方だ。入学直後、カレッジで彼とお茶をした際、「議論についていけない日本人はたしかに多い。しかし日本の報道機関はレベルの高い報道で知られている。研究所はネイティブな英語を話せる研究員ばかり集めてはいけない」と持論を展開し、「君だって英語は不得意かもしれないが、記者として温暖化問題をしっかり取材しているようだ。僕は、君のような存在が研究所にとっては無くてはならないと思っているよ」と励ましてくれた。おそらく、選考時に行われた電話での口頭試験などで、私の英語力が疑問視され、選考委員たちの間で合否について話し合われたものと思われる。その私を推してくれたのがパディ氏だった。

ロイター・ジャーナリズム研究所の玄関を入ると、正面テーブルの上に、厚さ二〇センチ、縦幅八〇センチほどの大きな写真集が置かれている。各ページには記者やカメラマンの顔写真やプロフィールが載っている。いずれもロイター通信と契約し、紛争地帯などを取材する中で命を落としたジャーナリストたちだ。普通の人が行けない／行かない所へ行き、真実を伝えることで、ロイター通信は世界で最も信用される通信社の一つとして、不動の地位を築き上げてきた。しかし、それは報道に命を捧げた人たちの血で築かれたものなのだ。

日本の新聞社の特派員は、紛争地帯の現場にはまず行かない。命の危険があらかじめ予想される場所へは、本社が許可を出さないからだ。近年ではコロナ禍での感染防止の観点と経費削減、人員削減といった要素がさらに記者の行動範囲を狭めている。

それを補うかのように、現場から記事や写真を送ってくれるのが、ロイター通信や米国のＡＰ、ＵＰＩなどの通信社と契約するカメラマン、あるいは「出来高払い」で取材するフリーの記者だ。身分保障も待遇も、正規雇用の記者と比べると格段に低い場合がほとんどだが、士気は高い。同時に命を落とす確率も非常に高い。この分厚い一冊の本は、世界から研究員として集まってくる私たちに、フロント（最前線）のカメラマンや記者たちの捉えた真実を突きつけ、ジャーナリストとしての覚悟を迫ってくる気がした。

玄関の奥、階段の踊り場には、ロイター通信の創業者、ポール・ジュリアス・ロイター（一八一六〜九九年、創業一八五一年）の胸像が置かれている。ロイター氏は、ドイツ出身で、ロンドン－パリ間や欧州－アフリカ諸国間などの為替相場情報を逸速く提供することで財を築いた。今もロイター通信の主力は経済関連の国際報道だ。

研究所の部屋は二階と三階にある。私の全体的な留学計画では、ベースはベルリン自由大学（期間は二〇〇八年九月〜〇九年八月）に置き、この間、オックスフォード大学はヒラリータームと呼ばれる春学期の一月から三月までを正式な在籍（授業料を払う）期間として設定していた。ただ、ロイター研究所側は、春学期の枠を超えて通年で通うことを許可してくれた。ベルリン自由大学と同様、オックスフォード大学も、研究員の資格で正式にメンバー登録を行えば、教授との面会やセミナーへの参加は自由だった。ただ、オックスフォード大学では、図書館（ボードリアンライブラリー）の利用は入館証の有効期間、つまり在籍期間でないと許可されなかった。また図書館の入館証がイコール学生証であった。知の集積である図書館への入館証が正式の学生証、つまり身分証明書になるとは、英語圏の最古の大学ならではのポリシーを実感させるものだった。

こうして私は、約三カ月限定の入館証を手にし、期間外もセミナー等に参加するため、何度かにわたりベルリン－オックスフォード間を往復することとなった。

ロイター・ジャーナリズム研究所で課題論文を発表する筆者。左からレヴィ所長と指導役のペインター氏。かなり突っ込んだ質問が飛び、背中にじっとりと汗をかいた

7 私の研究課題

私の研究課題は、気候変動問題をめぐる各国の政策比較だったが、実際にはイギリスとドイツ、もっといえばオックスフォード市とベルリン市の政策比較が中心となった。

ロイター・ジャーナリズム研究所のメンター（指導・助言者）として私たち研究員の相談役を担ったのはＢＢＣ出身のジェームズ・ペインター氏だった。最初に面食らったのは、課題論文のテーマ変更を氏が要求してきたことだ。それは「京都議定書採択をめぐる国際会議の報道状況」というもので、要は日本の各新聞の報道ぶりを中心に分析せよ、ということだった。せっかくイギリスまで来て日本の報道分析か、それはないでしょう…、という気持ちにもな

オックスフォード大学がなぜ世界のトップなのか。カレッジの中で日常的にフォーマルなアカデミック・ディナーがあるからだ。仲が良かったポーター（大学の世話係）と

ったが、研究所としての求めなら仕方がない。それはそれとして自分の目指す研究は自分なりにこつこつと進めればよいと割り切った。

私がこのとき深く感じたのは、オックスフォード大学というかイギリスの教育・研究機関の根幹にある姿勢だ。自分たちにないもの（知識）を世界中から貪欲に取り寄せる姿勢であり、それはまさに知の帝国主義を体現しているようにも見えた。

オックスフォード大学の学長は「我が大学は、世界中から優秀な研究者、学生が集う、魅力あふれるマグネットとなっている」と強調する。知の集積地オックスフォード大学には、その魅力に引きつけられて、世界中から多くの研究者・学生たちが集まってくる。逆にいえばオックスフォード大学には、本国における彼らの学術的成果物をアウトプットさせ、それらを世界にフィードバックするという使命がある。ペインター氏が私に与えた課題論文のテーマは、私自身にとっては魅力に欠けるが、ロイター研究所には多少なりとも寄与するかもしれない。

私の論文の実質的な直接指導は、同大学環境変化研究所のマックス・ボイコフ博士（現、コロラ

ド大学ボルダー校教授）が行ってくれた。ボイコフ博士は米国出身で、気候変動と報道との相関関係を研究テーマとしており、私は、京都議定書が採択されたＣＯＰ３（京都、一九九七年）と、当時開催されたばかりのＣＯＰ14（ポーランド・ポズナニ、二〇〇八年一二月）との報道状況を比較研究することになった。課題論文を書くこの年の暮れ、二〇〇九年一二月には、京都議定書に代わる新たな枠組みを目指すＣＯＰ15（コペンハーゲン）が予定されていた。

ＢＢＣ出身のジャーナリストでクールな雰囲気のペインター氏、片やフレンドリーで物柔らかなタイプのボイコフ博士、対照的な両氏による好伴走のお陰で、苦しい論文作成作業も何とか成し遂げることができた。

論文を指導していただいた、オックスフォード大学環境変化研究所のマックス・ボイコフ博士と筆者。COP３とCOP14の報道状況の比較がテーマとなった

気候変動問題は今や国際関係における最重要課題となっている。世界のトップクラスのジャーナリストが集うこのロイター研究所に私のような英語もつたない日本人が研究員として選ばれたのは、そうした最先端の課題に向き合おうとしていたことが一番の理由だったのかもしれない。

ここで、イギリス（特にオックスフォード）とドイツ（特にベルリン）の気候変動政策に見られる理念的基盤の違いについて少し触れておきたい。

両国はともに、ＥＵのメンバーとして気候変動問題の議論を主導してきた（イギリスは二〇二〇年にＥＵ離脱）。ただ、両国の取り組みの根底には、政策の在り方に影響を与えるような国民性、文化の違いが見て取れる。ひと言でいえば、「宗教のドイツ」「経済のイギリス」という構図の違いだ。

環境先進国を自負するドイツの街並みには、首都ベルリンをはじめ森がとても多い。すでに触れたように、都心部には「ティア・ガルテン」（動物公園）と呼ばれる、野生動物が生息する大きな森林公園があり、南西部には小魚や水草の中を泳ぐことができる「クルーメ・ランケ」という名の湖がある。いずれも自然と暮らしが一体化したような環境だ。ドイツの気候変動対策の底流には、市民の手で自然環境を守ろうとする強い意思が働いており、それはキリスト教精神によって支えられているところが大きいように思う。温暖化問題に立ち向かうとは、人間の手で破壊してきた自然を人間の手で取り戻すことであり、それは天から授けられた人間の使命、責任である――そうした理念が感じられる。

一方、私がイギリスに滞在していた当時、オックスフォード市ではエネルギー効率の向上、つまり電気の効率的利用を気候政策の柱として大きく掲げ、全市的な取り組みが行われていた。

建物・施設に設置されたコンセントやスイッチの脇には、必ずといってよいほど、「省エネを！」のステッカーが張られていた。また、オックスフォード大学のカレッジ宿舎の廊下には、今では日本でも当たり前になっている感応式の照明器具が導入されていた。人が通過しない場合は一定時間で自動的に消灯するので、ぐずぐずしているとすぐに真っ暗になるという仕組みだ。こうした取り組みが象徴するように、イギリスでは経済合理性を第一に追求する傾向が強く感じられた。

少し乱暴な見方かもしれないが、温暖化問題に対する両国市民のモチベーションの根底には、やはり、ドイツは宗教心の重視、イギリスは経済的合理性の追求、という価値意識が働いているように思えるのだ。

8 気候変動政策先進都市オックスフォード

イギリスの一般市民に対する気候変動政策を調べてみると、この国では日常の身近な電気の省エネを特に重視しているように感じられる。電気を使うのはあなた方一人ひとり、最優先課題はあなた自身の電力消費を減らすこと、なぜなら、かかった費用を支払うのはあなた自身なのですから——そういう論理が人々の間に深く浸透しているお国柄だ。いい方は悪いが、「結局は損得勘定でしか人は動かない」というイギリス特有の実利主義が温暖化防止政策にもしっかり反映されている。

オックスフォード市の資源ごみ回収車。市は気候変動対策でイギリス国内ナンバーワンを目指している

オックスフォード市もそうした実利的政策を基本にして気候変動対策に取り組んでいる。オックスフォード市が出している「二〇一八〜二〇一九年　温室効果ガス削減レポート」[3]によると、市は二〇一四年以降、四年間でCO_2を四〇%削減、二〇一九年には二〇一八年比で九・七%削減したと報告している。

市は二〇五〇年までにカーボンニュートラルの実現を目指している。市民啓発活動も活発で、市民対象のセミナー等では、市が制作したプロモーションビデオなどを通じて、エネルギーの節約が市民にとってどれだけ得になるかを具体的な数字を挙げて説明している。プロモーションビデオの中味を少し詳しく覗いてみよう。

ビデオでは「二〇一九年までの七年間で、イギリス国内の電気代、ガス代は二倍に値上がりしました」と、市民の消費感覚を刺激する言葉を最初に投げかける。近年のエネルギー価格の高騰に対する意識喚起である。その上で、「気軽な省エネでお得な家庭を」(Easy Energy saving Tips for Your Home)という標語を使って、市民が各家庭や職場の中で簡単にできる「節約」情報を次々と並べていく。

まず、電気代の支払いについて。電気料金を前払いすると年間一四〇ポンドの節約になる、とある。これは、デビットカード（銀行のクレジットカードの役目を果たすカード）を使い、家庭や職場で事前にチャージした金額に応じて電気を使う仕組みだ。そのため、おのずと節約意識は高くなる。電力会社にとっても、使用前にお金が入るので、サービスの提供がしやすくなる。一四〇ポンドというと当時のレートで換算しても二万円近い節約になるので、非常に魅力的な仕組みだ。キャッチフレーズは「ちょっとした気遣い（Simple Change）が大きな差益を生み出す（Big Difference）」。

次に、暖房の節約については、人がいない部屋のヒーター温度を数度下げることで年一〇％の暖房費が節約できる、とある。イギリスもドイツも、家庭や大学などの施設で利用される暖房のほとんどはオイルヒーターだ（日本でも電気器具メーカー、デロンギなどが小型のオイルヒーターを販売している）。オイルヒーターは、石油ストーブなど直接燃料を燃焼させる温風型の暖房とは違って、壁際に配置されたパイプ管からの放熱（オイルの熱）でじわじわと部屋を暖める。部屋の空気を汚すことなく、一定温度まで上昇すれば、室内の保温効果を高める。電気の使用量は石油ストーブに比べ多くなるが、この保温効果によって、全体の暖房費は安くなり、CO_2削減にも寄与する。

ビデオでは「重ね着」（Extra Layers）も節約推奨の一つとして紹介している。日本でも小池百合子環境相（当時）が「ウォームビズ」として打ち出したものだ。たしかに重ね着をすれば、それだけで寒さは凌げるし、その分だけ暖房費も節約できる。

また、玄関口を含め、家の中のドア下の隙間をふさぐ工夫も伝えている。靴のまま室内を歩くイギリスの家は、日本の家のドアのように密閉性が高くなく、大造りだ。ドア下に隙間があれば、そこから冷気が入り込むし、暖気も逃げていく。ビデオは、「こうした点に気を配ることこそが、暖房費の節約につながる」と強調する。

ほかには、電気湯沸かし器を使用する際、適量分ではなく容量いっぱいにして沸かした場合、年間にかかるコストは四倍に跳ね上がるといった情報もある。あるいは、全自動洗濯機を使用する際、洗濯物の量を半分にして（自動的に水の量も半分になる）二回に分けて洗うほうが、洗濯機を満杯にして一回で洗うよりも、重量が軽くなる分だけ電気使用効率が上がり、結果的に電気料金が安くなるとか、水で洗うよりも三〇度の温水で洗ったほうが同様に安くなるといった家事に関わる情報も盛り込まれている。

ビデオが推奨する「省エネ」対象はまだまだある。家じゅうの白色灯をＬＥＤ（発光ダイオード）にすべて交換すれば、電気料金は年間で五五ポンド（当時のレートで約八〇〇〇円）ほど節約できる。日常生活でこまめに電気のスイッチを切れば、必要以上に電気代を払わずに済む。シャワーを浴びる時間を二分間短縮すれば、一回当たり二五％ほどのコスト減につながる。水道の蛇口をしっかり締めれば、水漏れを防いだ分、水道代の節約になる（一つの蛇口からしずくが落ち続ければ、一週間でバスタブ一杯分の無駄が生じる）。

こうしたいくつもの「節約」を推奨した後、オックスフォード市のプロモーションビデオは、街頭を歩く市民たちをつかまえ、こう質問する。「あなたの家では、電気代や光熱費などのエネルギー関連経費にどれだけお金をかけていますか？」。ほとんどの市民が「よく知らないね」と回答している。こうしてビデオは「私たちオックスフォード市のネットサイトを是非読んでください」と締めくくる。[4]

オックスフォード市の取り組みで感心するのは、「こういうふうに節約しましょう」という、呼びかけ的なアドバスではなく、「あなたはこれだけ損をしているのだから、もしちゃんと取り組めば必ず得になりますよ」と、実利につながる様々な客観情報を提供することで、市民一人ひとりが自分の頭で考え、行動できるよう導いていることだ。

日本でも小池百合子氏が環境相時代に「ウォームビズ」や「クールビズ」を掲げたり、現在は東京都知事として白熱灯とＬＥＤ電球の交換を進めたりと積極的な取り組みを行っている。しかし、お国柄が違うといえばそれまでだが、イギリスのように「自ら考え行動する」自発的市民を育んでいくやり方と、日本のように「みんなでやりましょう」といった行政指導的なやり方との間には、その達成度の点で大きな差が生じてくるはずだ。イギリス人には、実利的側面とともに、物事を斜に構えて批判的に見るという文化的・教育的性向もある。温暖化対策を着実に進めるために客観的な数字で日常的コストを説明するオックスフォード市のやり方は、そうしたイギリス人の性向に国や自治体が正面から応えている意味でも、非常に説得力がある。

少なくとも、日本では単なる「呼びかけ」以上のやり方が求められるだろう。私たちには温暖化対策における根本的インセンティブ（動機づけ）が必要だ。それが「自発的行動」への第一歩につながる。

COLUMN

コラム③　長男の英独小学校入学

留学中、大変だったことの一つが、長男、大輝の就学問題だ。長男は当時、小学校二年生。私が留学してから三カ月後、妻とともに日本からやって来た。そして、私の留学生活に合わせて二〇〇九年の一月から三月まではイギリスで、学年が上がって同年四月から八月まではドイツで就学することになった。

イギリスの日本人学校はロンドン近郊にあるため、オックスフォードから通わせるには遠すぎた（オックスフォード大学に留学している日本人研究者の中には、車で約二時間かけて、約九〇キロ南のこの学校に通わせている人もいた）。言葉の壁は気になったが、小学校はオックスフォード市内と決めていた。

近隣の小学校を調べてみると、日本のような公立学校は見当たらず教会立ばかり。さっそく複数当たってみたが、いずれも「余裕がない」との返事だった。定員の都合とばかり思っていたが、そのうちの一つを訪問したときには別の事情があることもわかった。なんでも、日本の自動車メーカーの研究所が近くにあるため、これまで多くの日本人子女を受け入れてきたが、英語がまったく通じなくて大変な目に遭ったというのだ。たしかに私がここを訪ねた際、日本人といっただけでぎょっとした目で見られたような気もする。

そこで市の教育部局に泣きついて、「日本では、親が子どもを学校に行かせないと法律違反となり、帰国すれば必ず罰せられる。何とかしてほしい」と相談すると、さすがに親身になって探し出してくれた。就学が決まった近郊の教会立小学校「フィリップ・アンド・ジム」はオックスフォード大学関係者の子女も多く通っており、国際性を重視した学校だった。

この小学校はセキュリティーが厳しく、送り迎えは親が直接しなければならなかった。朝夕に自転車で学校に向かい、校門前で他の親たちに挨拶するのが日課だ。向こうからも積極的に声をかけてくる。挨拶そのものが「不審者をあぶり出す」セキュリティー活動になっている気がした。毎日の送迎は大変だったが、親の都合でいきなり別世界に放り込まれた長男のほうはもっと大変だったろう。しかし、言葉の問題で就学を諦め自習で数カ月過ごす日本人子女もいる中、親の私としては長男に少しでも外の風を浴びさせたいという思いがあった。

一方、その後移ったベルリンでも、できれば日本人学校に通わせたかったが、片道一時間以上の送迎時間ではやはり諦めざるをえなかった。市内の英語学校に通わせるには学費が高く（月一〇万円程度）、これまた諦めるしかなかった。このため思い切って、住居近くにある一般の公立小学校「ルーデスハイマー・プラッツ小学校」へ相談すると、なんと即日、校長先生が入学許可を出してくれた。

この小学校はベルリン市の国際教育重点校として英語を話せる教職員が多かったので、

住んでいたアパートと小学校があったベルリン市内のルーデスハイマー通り。親が送り迎えをするイギリスと違い、息子は１人で通学した

親は何とかコミュニケーションが取れた。しかしドイツ語ばかりの学校生活は、長男にとってはさぞや居心地の悪い日々だったろう。「ドイツ語で一緒に遊びたいってなんていうの」と聞かれたときは、正直、胸がとても痛くなった。後日、ベルリンの日本人学校の先生から伺った話では、小学校二年生前後なら、言葉のハンディはそれほど大きな学習ギャップにはならないということだったの

で、ちょっとは安堵した。

長男が通ったこのベルリンの小学校には自然豊かな校庭があった。雰囲気は日本の小学校に似ていたが、庭ではリスも遊んでいた。長男はこれには大変満足していたようだ。授業はちんぷんかんぷんだったかもしれないが、放課後は親しくなった友だちとブランコなどで思いっきり遊んでいた。

イギリス、ドイツでの経験は、たしかに長男にも大きな刺激になり、成長期の人間形成にかなりのインパクトを与えたと思う。帰国後は、英語への関心が高まり、それなりに語学力を身に着けていった。充実した学生生活を送れたとすれば、この時期の経験が少しは寄与したのではないかと、親としては勝手に思っている。

COLUMN

コラム④ 長女の誕生

留学するときは想定していなかったが、その後、妻の妊娠がわかり、結局妻は産休を取る形で長男を連れて日本からやって来た（二〇〇八年の年末にベルリンで合流。年明けすぐに妻だけ一旦帰国し、一月末にオックスフォードで再合流）。

親類もおらず、日本語も通じない欧州の病院で出産を迎えるという、私の研究課題など遥かに超える難題を抱えて妻はやって来た。ヒースロー空港に赤いスーツケースを持って降り立った姿を思い出す。

早速オックスフォードで最も有名な大学付属のラドクリフホスピタルで診察を受けた。「ダイアナ妃行幸記念」の華やかなパネルが飾られていた。ここで最初に医師から告げられたのが、「高血圧症候群の可能性あり」との診断。これは高齢出産の場合に多く見られる症例らしく、「まだわからないが、出産時期が近づくと非常に注意が必要」とのことだった。

つわりなどに悩まされる中、妻は約二カ月間、まだ寒いこのオックスフォードの空のもとで過ごすことになった。配慮が足りず大学の教会で開かれた音楽会に連れて行ったときには、「どんどん先を歩いていってしまい、腹が立った」となじられた。

四月に移動したベルリンでは、日本大使館の公使をされていた三好真理さん（その後、アイルランド特命全権大使、国際テロ・組織犯罪対策協力担当兼北極担当特命全権大使を歴任された。私が環境省担当記者だったときにお世話になった元同省総合環境政策局長、三好信俊さんの奥様）に安心できる産婦人科医を紹介していただいた。イギリス同様、ドイツでも、通常はまず地元の産婦人科医で検診や助言を受け、出産は大きな病院で行う。

ベルリンにはフンボルト大学付属の「シャリテ」と呼ばれる大病院があったが、ドイツ人の友人から「あそこは妊婦の扱いが荒く、日本人女性にはきついのでは」とアドバイスを受けた。鵜呑みにしたわけではないが、いろいろ相談した結果、市内南部、テンペルホフ地区にあるゼントヨゼフ・クランケンハウスというキリスト教系の病院に通うことにした。日本の聖路加国際病院の「聖路加」が「聖ルカ」を指すのと同じように、「ゼントヨゼフ」は「聖ヨゼフ」を意味する。

「日本人の妊婦が来る」と病院では、看護師さんらが英独の辞書を用意して待機してくれたが、英語で話しかけると、皆、口を両手でふさいで一目散に逃げていく。日本の病院でも海外からの妊婦が入院すれば同じような光景になるのかもしれない。

通院中、妻の血圧は一七〇を超えることがしばしばだった。かなり危険ということで、結局、早期入院の体制を取ることになった。その後、出産予定日までまだ半月はある五月八日、午後四時頃、長男を学童保育に迎えに行こうとしていたそのときに携帯が鳴った。「奥さん、緊急手術です」。すぐに来なさいということだ。

急いでタクシーを呼び、長男と病院に駆けつけると、妻はストレッチャーに載せられ、赤黒い顔で横たわっていた。会った途端、けいれんを起こした。「これはペインキラー（鎮痛剤）です」と妻の腕に注射を打ちながら看護師さんが叫んだ。そして妻は子ども棟のＩＣＵに運ばれていった。

外は、雷が鳴って雨が降っていた。

長男と病室で待っている間、母子の安全を第一に祈りながらも、「もし妻に何かあれば、すぐ帰国しなければならないな」などと余計なことを考えながら、非常に沈痛な時間を過ごすことになった。

妻はこの一大事業を見事に成し遂げた。妻とはＩＣＵで少し話をすることができた。子ども（長女）はＩＣＵカプセルの中にいた。一七四〇グラムの超未熟児とのことだった。

長女が誕生直後に入ったICUと、状況を見守る友人マルチナ・ベルリンさん（左）。ベルリンのゼントヨゼフ・クランケンハウスで

生まれたばかりの未熟児はほかにもいて、不安と悲しみで泣いているカップルも見られた。

医師からは「未熟児ですが、健康に問題はありません」とのこと。まずはほっとしたが、妻の容態のほうが深刻に見え、心配になった。

未熟児といえども長くは入院できない。出産後一週間程度で妻は新たな家族とともにアパートに戻って来た。

ドイツの医療保健制度は非常に整っていた。保健師さんが週に何度も自宅を訪れて、母乳の出具合や母子の健康状態をきめ細かに診てくれた。これには非常に助けられた。

制度といえば、ドイツの医療保険制度にも助けられた。学生も加入可能で、出産費用など幅広くカバーしてくれる。

私は、二〇〇八年に入国した際、出産費用については念頭になかったが（妻の妊娠は後でわかる）、この制度一般を利用するため早々に窓口を訪れ手続きを行っていた。ところがドイツ語に疎かったため、必要な追加書類を出していなかったことが妻の出産の際に初めてわかり、結局、出産費用は妻のクレジットカードで自腹で支払う羽目になった（このときの信販会社との電話交渉もむちゃくちゃに大変だった）。その後、必要書類が整ったことで保険適用されることになったが、このとき助けてくれたのが病院の財務担当者トーマス・プロクシュ氏である。

実は、病院に提出する出産関連書類を作成するとき、長女の名前のアルファベット綴りを一緒に考えてくれたのもプロクシュ氏だった。オックスフォードに居たときから、娘の名前は（平仮名で）「まりん」と決めていたが、アルファベットの綴りはまだだった。プロクシュ氏は、ローマ字綴りの「ＭＡＲＩＮ」はドイツではよく知られた魔女の名前の一つだと教えてくれた。知った限りは別の綴りにしたいというのが人情である。こうして、ドイツの首都ベルリンの綴り「ＢＥＲＬＩＮ」から「ＲＬＩＮ」を取り、出産を助けてくれたドイツの友人マルチナ・ベルリンさんの名前でもある「ＭＡＲＴＩＮＡ」の「ＭＡＲ」を結合させて「ＭＡＲＬＩＮ」の綴りで登録することになった。「でも英語では魚のカジキだよね」と笑い合うことになったが。

パスポートの綴りは一般的にはヘボン式（ローマ字綴り）だが、長女の場合、ドイツでの出生登録が「ＭＡＲＬＩＮ」なので、パスポート上も永遠にこの綴りとなるだろう。「私はベルリンで生まれたから」とすでに何百回も口にしている娘は、どんな大人になるだろうか。

第三章

太平洋諸国と環境問題

本書139頁より

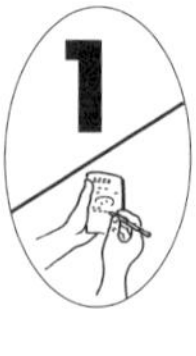

1 楽園パラオから戦地へ行く若者たち

サンゴ礁に囲まれた、コバルトブルーの海に浮かぶ緑の島々を飛行機から眺めると、日本とは比べものにならないほど美しく、平和な雰囲気を感じる。太平洋諸国を訪れる人々の多くは観光だ。ダイビングをした後ビールを飲みながらのんびり潮風に吹かれ、といった情景が目に浮かぶ。

しかし、そんなお気楽なイメージを吹き飛ばすもう一つの現実がこの地域にはいくつも見られる。たとえば、一五〇以上の島々からなるポリネシアのトンガ王国は、標高が低いため、気候変動による海面上昇で国土が失われる危機に瀕している。この国では国民をフィジー共和国やミクロネシア連邦などの近隣諸国へ移住させる計画が進められているほどだ。また、ごみの焼却施設がないため、海岸にプラスチックごみが溜まり、衛生面や人権侵害面での被害も深刻な状況にある。

一方、アジア・太平洋戦争で日米の激戦地となり、戦後しばらく米国の国連信託統治領となったパラオ共和国や他のミクロネシア地域の島嶼国では、今も米国の資金援助でかなりの人が「公務員」として生活の糧を得ているというのが現状である。気候変動の国連会議では、「経済的自立」が困難なこうした島嶼国に対する支援が議論になっている（本書一四八頁参照）。職や豊かな暮らしを求めて米軍に入隊する若者も多い。なかにはイラクやアフガニスタンで戦死したり、手足を失い帰還する若者さえいる。

二〇〇四年一一月、私はそうした若者の姿を追って取材した。

バラクーダやマンタなど熱帯性の大型魚が身近に見られるダイビングポイントで世界的に有名なパラオ共和国（実は私自身、その魅力に取りつかれ、これまでに何回もパラオや周辺島嶼国の海を潜った）。実は国民の一〇に一人が米軍に入隊している国だ（後述）。

取材したこの年にイラクで戦死したジェイジー・メルワットさん（二四歳・当時）は一九八〇年五月、パラオ諸島の主島、バベルダオブ島で一二人兄弟姉妹の末っ子として生まれた。姉とともにミクロネシアのグアム島（米国領）の高校で学び、卒業後、米海兵隊に入隊。太平洋海兵隊の強襲水陸両用部隊に配属された。沖縄や富士山麓にある米軍基地での勤務を経て、グアム基地に異動。そこで会社秘書をしていた中国系のメラニーさんと結婚し、二〇〇一年に長女ミヤカイちゃんを授かった。そして二〇〇四年、イラクの武装勢力の拠点ファルージャ近くで戦闘中に死亡。パラオから米軍に入って戦死したのは、ベトナム戦争以来二人目だった。

父親のジョナサンさんは、「本当は弁護士になってほしかった。いつも冗談ばかりいう優しい子だったのに」とうつむいた。ジェイジーさんは以前から、世界中を周ることができる海軍に憧れて

パラオで、息子ジェイジーさんの勲章などを掲げて思い出を語るジョナサン・メルワットさん。写真提供：中日新聞

いたようだ。ジョナサンさんが、除隊してパラオに戻って来るよう説得しても、「平和のためだ。僕は人を殺そうとする人を殺すんだ。いいことなんだ」と反論したという。

ジョナサンさんは、ジェイジーさんの戦死にまつわるさらに悲しいエピソードを明かしてくれた。「息子の戦死の知らせが届いたのは、孫娘のミヤカイの誕生日。ちょうどメラニーがバースデーケーキの上にアイスクリームで飾りつけをしていたときだった。いつもとズボンの色が違う海兵隊員がやって来た。それは海兵隊の喪装だった。その服を見たとき、メラニーは、自分の身に何が起きたかわかってしまったんだよ」。

パラオの首都コロール（コロール島）に住む主婦イバウ・オイテロンさん（八七歳・当時）の孫娘、ジャスミン・アンドレアスさん（二一歳・当時）は、米国アリゾナ州で生まれた。短大を卒業後、米陸軍を志願し入隊した。ジャスミンさんが志願した理由は、米軍に一度入隊すれば、除隊後、大学で学びたい場合は授業料が免除になるからだという。アジア・太平洋戦争の時代、米軍の爆撃でパラオのジャングルに逃げ込み、飢餓の経験があるイバウさんはそういいつつ、私が取材した当時イラクのバグダッドに派遣されていたジャスミンさんについて、「イラクでも多くの母親、子どもが逃げ惑っている。ジャスミンにその苦しみはわかるのだろうか。悲しすぎる」と溜め息をついた。

パラオのトップはこうした状況をどう考えているのか。トミー・レメンゲサウ大統領（四八歳・当時。在任二〇〇一～〇九年、二〇一三～二一年）に話を伺った。レメンゲサウ大統領によれば、当時、パラオの人口約二万のうち、約一割が米軍に入隊しており、その割合はミクロネシア連邦やマーシャル諸島共和国（いずれもパラオと同様、米軍と自由連合協定を結んでいる）と比べても一番高い。大統領は、自身のいとこ二人がアフガニスタンに、また、おい一人がイラクに従軍していることも明かした上で、こう述べた。

「パラオ人の先祖は、太古、星を道標に、インドネシアから舟で海を渡ってきた。我々には開拓者精神がある。米軍に入隊すれば世界各地を周ることができ、大学で学ぶ機会も与えられる。若者が米軍を目指すのは、民族性のなせるわざだ」。パラオ人から戦死者が出たことについては、「亡くなったことは悲劇だが、彼はまさに、パラオが民主主義のために貢献し、テロリズム撲滅のために戦っていることの象徴だ。私たちは彼をこの上なく誇りに思っている。日本の自衛隊もイラクのサマワで平和維持活動をしているが、我が国は文字通り、血の貢献をしているのだ」と語った。

パラオは、アジア・太平洋戦争が終結するまでの三〇年以上にわたり、日本の植民地統治下にあった。当地で展開された米軍との戦いは、沖縄と同様に熾烈さを極めたといわれる。この教訓から、パラオでは一九九二年に世界初の「非核憲法」が制定された。しかし一方で、国連最後の信託統治領から一九九四年に独立する際、米国との自由連合協定を締結した。この締結プロセスの中で、米国側から核搭載艦船の寄港を求められ、非核条項を凍結することでこれを容認した。世界に誇れる非核憲法が、実質的な効力を持たなくなってしまったといえる。日本も戦力不保持の平和憲法を持つ。当然、核兵器については「持たず、造らず、持ち込ませず」の非核三原則（一九六八年）を堅持するとされてきた。しかし、日米安保条約（一九五二年締結）の影響下にあって、沖縄の日本返還（一九七二年）の際には、核兵器の持ち込みを認める密約が米国との間で交わされたことが、後に明らかにされている。[1]

非核条項の凍結についてレメンゲサウ大統領はこう説明した。「核兵器を我が国に持ち込ませない精神は変わっていない。自由連合協定は、パラオが他国との戦争に巻き込まれた場合に限って、米軍が核兵器を持ち込むことを認めたものだ。米国がイラクなど他国と戦争している場合は適用されない。だから非核憲法は実質的に守られている」。

パラオにおける気候変動の影響についても聞いてみた。大統領は「海水温の上昇」を挙げ、「沿岸部の美しいサンゴ礁が白化・死滅している。世界でここ一カ所にしか生息していないジェリー・フィッシュ湖の淡水クラゲも激減している。観光は我が国で最も重要な産業だ。地球温暖化がもたらすこうした事態は、我が国に極めて甚大な被害を及ぼしている」と危機感を募らせた（白化とは、サンゴの中で共生して光合成するプランクトン「褐虫藻」が海水温の上昇でサンゴから飛び出してしまい、サンゴの骨格が白くなる現象のこと)。

パラオの対米財政依存率は四〇%と高い。首都コロールには日本が援助するパラオ国際サンゴ礁センターがあり、太平洋諸国と連携し、サンゴ礁の保全の在り方を研究する拠点となっている。大統領は「海外から大型リゾートホテルを招へいし、雇用の拡大を図る計画だ。しかし、観光面では開発負荷もかかる。これをどう抑え、美しい環境を守っていくか。そのバランスこそが重要。パラオに帰って来た若者が希望を持って住める国にしたい」と将来ビジョンを語ってくれた。

パラオの故クニオ・ナカムラ元大統領(在任一九九三～二〇〇一年)は、三重県伊勢市の船大工で戦前パラオに渡ってきた祖父を持つ日系三世として知られている。一九九四年、私が中日新聞三重総局に勤務し、三重県の県政を担当していた当時、日本とそうした縁を持つパラオと三重県とが姉妹提携したらどうかと私は考え、仲立ちをさせていただいた覚えがある。パラオ大統領府に直接電話をかけ、ナカムラ大統領に姉妹提携を打診すると、「もちろん」との返事。田川亮三知事(当時)に伝えると、「どんと記事を書きたまえ」と背中を叩いてくれた。県庁の事務方が非常に複雑な表情で私を見ていたことを思い出す。

その後、この姉妹提携構想は友好提携の名で一九九六年に結ばれ、「リゾート地パラオ」が少しずつ日本の一般ツーリストにも知られるようになっていった。

友好提携がなされた二五年前当時、パラオでは日本資本のパラオ・パシフィック・リゾート（ＰＰＲ）ホテルが最も大きなホテルだった。近年は中国系のホテルの進出が目立つ。観光客も中国人が圧倒的に多い。日本で太平洋の島観光といえば、今も昔もハワイ、サイパン、グアムが主流だが、パラオはその自然の豊かさと、日本との歴史的つながりから見ても、実はポテンシャルの大きな国だ。

友好提携以来、自然豊かなパラオと、伊勢神宮など著名な観光地を持つ三重県は、文化・観光・教育面で様々な人的交流を重ねてきた。国家間レベルの交流も重要だが、こうした自治体・市民レベルでの交流はもっと大切だ。今後もさらなる交流の活発化を期待したい。

今しがた述べた歴史的つながりについても忘れてはならない。日本は戦前からパラオをはじめとする南洋諸国に進出し、島民の生活、文化に功罪両面で大きく関わった経緯がある。戦後の冷戦下では、日本を含む西側諸国の枠組みの中で南洋諸国は生きてきた。米軍に入隊しイラクで戦死したパラオの若者ジェイジーさんは、この枠組みの中で亡くなったといえる。

現在、中国による太平洋方面への進出は、日本の沖縄周辺はもとより、フィリピン、マレーシア近海でも軍事的緊張感を招いている。ソロモン諸島やフィジーなど南太平洋島嶼国に対する米中間の経済・軍事的駆け引きも過熱している。これも、歴史的つながりの延長上にあるものだ。

美しいサンゴ礁を破壊して軍港や軍事基地を造り、覇権を争って得るものとは一体何だろう。油田や天然ガスの地下資源から得る利益だ、というなら、いい加減に目を覚ましてほしい。この気候危機の時代にあって、化石燃料を燃やし、CO_2を増やし続けることは、自分たちの首を互いに絞め合うだけで何の益もない。プラスチックごみで汚染された海洋環境を元に戻し、豊かな漁場を作り出すほうが、国際的にも遥かに大きな利益を生むに決まっている。

私には、日本が沖縄・名護市辺野古沖を埋め立てて米軍基地の移設を急ぐことと（本書第四章1節参照）、中国が南方の海を埋め立てて自国の軍事基地の拡大を図ることは同じに見える。海洋環境の破壊によって生じる不利益は、日米や中国が想定している利益を遥かに上回るのではないか。そこをなぜ真剣に議論しようとしないのか。日米も中国も互いに協力して、太平洋の島々を守らなければならない。

2 ミクロネシアでも米軍入隊の戦死者が

米軍に入隊し戦死する若者はパラオだけに限らない。

二〇〇四年一一月、私はパラオから東へ約二六〇〇キロ、ミクロネシア連邦のポーンペイ島にも渡り取材を続けた。パラオやミクロネシア連邦は九〇〇以上の島（大部分は小さな無人島）からなるカロリン諸島（ミクロネシア地域を構成）に属す。そのミクロネシア連邦はヤップ島、チューク（旧称トラック）諸島、ポーンペイ島、コスラエ島などの島々で構成されている。首都はポーンペイ島にあるパリキールだ。

パラオ同様、ミクロネシア連邦の島々も、第一次世界大戦の勃発とともにドイツ領から日本の占領地とされ、アジア・太平洋戦争の激戦地となった。終結後は米国施政下の国連信託統治領とされたが、一九八六年に米国との自由連合協定が成立し独立、一九九一年には国連に加盟している。

伊豆大島の約四倍の広さを持つポーンペイ島は、中央にナナラウド山（標高約八〇〇メートル）がそびえる、森に包まれた美しい島だ。

この島の青年、スキッパー・ソーラム軍曹は二〇〇四年九月二二日、イラク戦争終結後米軍が統治していた首都バグダッドに従軍中、二三歳で戦死した。内戦が激化する中、自爆テロによって犠牲者となった兵士の一人である。

ソーラムさんの実家は、ポーンペイ島北部の旧首都コロニアから西へ車で三〇分ほどのマタニタテニューム村にあった。熱帯雨林やマングローブが生える海岸沿いに建てられたトタン屋根の家に、一家一五人が住んでいた。

ソーラムさんは一四人兄弟姉妹の長男だった。双子の弟スピクソンさん（二三歳・当時）が父親とタロイモの栽培や漁業で家計を支えていた。スピクソンさんは、「兄は僕より走るのが速く、頭も良かった。本当は医者になりたかったんだよ。でもお母さんから、兄弟の子守のほうが先といわれ、諦めたんだ」と語ってくれた。そしてこう続けた。「兄は短大に入った二〇〇〇年に米軍の入隊試験を受けました。合格し、どうしても入隊したいからと、その年の一二月に訓練生として米国のオクラホマ州へ渡り、その後、韓国に駐留中、基地近くのクラブで歌っていたフィリピン人女性と結婚したんだ。式に誰も呼ばずにね。とにかくポーンペイから出たかったんだろうね」。

ミクロネシア連邦のポーンペイ島で兄の遺影を持つ双子の弟のスピクソンさん（左）と母親のパーペチュアさん（中央）。写真提供：中日新聞

母親のパーペチュアさん（四三歳・当時）は、「子どもたちの名前は、遠い昔、海を渡ってやって来た双子の先祖の昔話にちなんで名づけたんです。村じゅう皆、珍しがって盛大にお祝いしてくれましたよ」と、双子の兄弟を授かったときのことを振り返りつつ、「ソーラムはイラクがどこにあるかも知らない子でした。米軍に入ることをもっと強く止めていれば、こんな悲しいことにはならなかったのに」と、ぼろぼろと涙を流

した。

ソーラムさんは、家族に毎月三〇〇ドルを仕送りしていた。パーペチュアさんはいう。「ここで野菜や魚を売ったって月に一〇〇ドルも稼げない。すごく助かってた。優しい子だったから」。

ここでパーペチュアさんが突然、歌い出した。「モーモタロサン、モモタロサン、オコシニツケタ、キビダンゴ、ヒトツワタシニクダサイナ」。パーペチュアさんの母、つまりソーラムさんの祖母は戦前、日本人から教育を受けており、この歌をよく歌っていた。ペーペチュアさんもソーラムさんも、子ども時代に子守歌として聞かされ、大きくなってからも時々口ずさんでいたという。パーペチュアさんはこうもいった。「私たちにとって、戦争といったら、日本と米国が戦った太平洋戦争のことでしかないのよ」。

ソーラムさんの墓は実家前に建てられていた。コンクリート製で、周りのどの家よりも立派だった。米国政府が四三〇〇ドルを拠出して、弔ってくれたという。

休暇を利用して里帰りしていた女性兵イザベル・ヘルミさん（二三歳・当時）にも取材した。イザベルさんは六人兄弟姉妹の二女で、両親を含めて八人家族だ。米陸軍第一軍団の海外派遣部隊に所属し、通常は北大西洋条約機構（ＮＡＴＯ）の枠組みの中でドイツに駐留しているが、今はイラクで活動中だという。特別休暇は二週間とのことだった。米軍入隊の経緯を聞くと、明るい笑顔で答えてくれた。

「純粋に新しい経験がしたかったのが一番。兄も米海兵隊でイラクに行き、無事に米国のジョージア州に帰還しています。兄がいるから入隊には抵抗感がありませんでした。親にはずいぶん反対されたけど、私にとっては最も挑戦的なこと。高校卒業前に入隊試験を受けたわ。米国本土のミズーリ州で化学特別班の特科兵として訓練を受けた後、ドイツに配属され、その後イラクに派遣されました」。

イラク戦争直後の当時、イラク国内では治安が悪化し、米軍は反政府ゲリラの取り締まりを強化していた。イザベルさんに与えられた任務は、マスタードガスなどの化学兵器で攻撃された際、前線の同僚兵士に応急措置を施すこと。実際に出動したのは二回だが、幸いにして、いずれもそうした危機的事態に遭遇することはなかったという。ミクロネシア連邦からは約一〇〇〇人が米軍に入隊しており、イラクにはそのうち約二〇〇人が様々な部隊に配属されていると話してくれた。

ポーンペイ島でイラク従軍の状況を話すイザベル・ヘルミ米陸軍化学特別班特科兵。写真提供：中日新聞

将来の夢は、米陸軍で勤め上げ、訓練教官になることだといっていたイザベルさん。今も無事に過ごしていることを祈るばかりだ。

3 謎のナン・マドール遺跡

産業の乏しい自国から希望を求めて米軍に入隊するこうした若者たちを取材する中で、地球温暖化の影響によって存在が脅かされている謎の巨石遺跡群にも出合うことになった。

ポーンペイ島に隣接するテムウェン島沿岸のサンゴ礁上に造られた「ナン・マドール」と呼ばれる遺跡群だ。この石積みの遺跡群は、幅〇・五キロ、長さ約一・五キロの浅瀬上に築かれた約一〇〇の人工島からなる。約五万個の玄武岩の石柱はポーンペイ島から運ばれたといわれ、「ミクロネシアのアンコールワット」としてイースター島（チリ）の巨石像（モアイ像）を凌ぐ規模を持つとされる。二〇一六年、第四〇回ユネスコ世界遺産委員会によって世界文化遺産に登録され、同時に「危機遺産」にも登録されている。

この遺跡は今、地球温暖化によって、太平洋の低標高の島国と同じ海面上昇の危機に晒されている。「危機遺産」として登録されたのは、この要素が大きい。

近年まで大きく荒らされることなく、謎のまま「遺跡」として残り続けたのは、産業の乏しいこの地域が乱開発からまぬかれてきたからだ。ナン・マドールとは現地語で「天と地の境」という意味。遺跡近くに住む古老マサオ・シルベニスさん（六六歳・当時）が語る伝説はこうだ。

「昔、オシリーパとオソローパという二人の兄弟が、西の海から島にやって来た。二人は神様への祈りと島を治めるために聖なる場所が必要だった。やがて二人は海底の聖なる都市、カーニムウェイソにつながる島の南東部に、島民とともに石積みの神殿を造った。兄はまもなく死んだが、弟は王となりシャウ・テレウルという名の王朝を興した」。

地球温暖化による海面上昇で保存が危ぶまれるナン・マドール遺跡。近くに住むマサオ・シルベニスさんが案内してくれた

「平成二二［二〇一〇］年度協力相手国調査　ミクロネシア連邦　ナン・マドール遺跡現状調査報告書」（文化遺産国際協力コンソーシアム、二〇一一年三月）によると、この地には約二〇〇〇年前に人が住み始め、西暦五〇〇年頃から人工島の建設が開始された。一〇〇〇年から一二〇〇年頃にかけてシャウ・テレウル王朝による首長制が形成され、一五〇〇年から一六〇〇年頃には東方のコスラエ島から遠征してきたイショケレケルによって征服、ナンマルキと呼ばれる首長がこの遺跡に住んで統治した。しかし、一六世紀

にスペイン人がやって来たときには、すでに廃墟と化していた。

車でポーンペイ島のジャングルの道を抜け、海岸に出てみた。マングローブの中に点在するこの巨大な遺跡群に息を飲む。ナン・タウワシと呼ばれる歴代の王の墓（城塞）が、一〇〇メートル四方の石塁に守られている。墓の中に入るとひんやり冷たく、荘厳な気持ちになる。

この遺跡は、二〇世紀初めにドイツの探検家が調査に入って以来、日本、米国も参加し、発掘作業が続けられてきた。しかし、島民が神聖な地として呪いを恐れるため、ほとんどそのまま残されているところが多く、しかも、この遺構を含む周辺区域の所有権が村の首長のものか、行政に帰属するものか、お互いの主張が激しく対立する状況が続いており、「危機遺産」に指定されたとはいえ抜本的な保全策は立られていない。

「危機遺産」に指定された理由について、ナン・マドール遺跡研究の第一人者、片岡修氏（上智大学アジア人材養成研究センター客員教授）は、保存状態そのものの悪化と地元の管理保全体制の脆弱さを挙げている。[2]海の浅瀬や海岸に玄武岩を積み重ねて築き上げられた巨大な「城」が、長年の風雨、波によってすでにかなり劣化し崩落、マングローブや熱帯雨林の繁茂による浸食や、盗掘、無配慮な来訪者による汚染行為、さらには地球温暖化による海水面の上昇が、これにいっそう拍車をかけているという。遺跡全体の保存には国際的な大規模プロジェクトによる支援とともに、保存の重要性を島民と共有する教育・啓蒙活動が求められるとも述べている。

ポーンペイ島には戦前から数万人単位の日本人が住んでいた。先の古老マサオ・シルベニスさんもその子孫の一人だと思われるが、遺跡を管理するマタラニウム村の村長（首長）、コイズミ・アトリーさん（八三歳・当時）の名前はまさに日本人のそれだ。コイズミさんの父親はポーンペイ島で巡査をしていた。コイズミさんが二歳のとき日本に帰り、その後、病死したという。日系二世のコイズミさんには五人の兄弟姉妹がいるが、父親が日本のどこから来たのか誰も知らないという。

コイズミさんは首長の立場からこう主張する。「ここでは政府や法律より、首長の意志のほうが上。遺跡は、王朝後も歴代の首長が所有してきた。私の代で政府に手渡すわけにはいかないし、ポーンペイ島に四人いる首長のすべてが同じ意見だ。［…］遺跡を修復し、周辺の土地を企業に貸してリゾートホテルを建てれば、たしかに多くの観光客で賑わうだろう。もちろんそれは良いことだが、あくまで遺跡そのものはすべて私たちの所有物というのが大前提だ」。

一方、行政側の主張はどうか。ミクロネシア連邦外務省のロリン・ロバート副相（当時）は、土地の所有権は首長たちのものと認めながら、遺跡の修復や保全、観光客向けのトイレ整備の必要性などについては政府の関与が必要だと訴えていた。またポーンペイ州のブミオ・シルバヌズ公園管理局長（当時）は、「遺跡の所有権は法律で州の帰属とされている」と書類を見せてくれた上で、日本政府へ援助を求めたいと語っていた。

日系二世の村長さんが治める、巨石遺跡ナン・マドール。歴史面でも観光面でも日本との縁が深いこの島で今何が起きているのか、私たちはもっと注視していく必要がある。「危機遺産」からの脱出に向け、私も微力ながら協力していきたい。

4

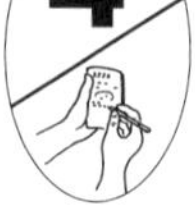

フィジーでの地球温暖化懐疑論

世界各国でCO_2など温室効果ガスの削減が叫ばれる中、米国のトランプ前大統領のように、真っ向から地球温暖化現象を否定する政治家もいる。しかしそれは、科学的根拠からではなく、「CO_2の削減策が自国の産業活動を圧迫する」という経済的な理由を背景としたものであって、科学的な観点から温暖化を否定する科学者はほとんどいない。

ところが、二〇〇三年九月に取材で訪れたフィジー共和国では、地球温暖化を原因とする海面上昇を正面から否定する科学者に出会った。

新婚旅行の旅先として人気の「南太平洋の楽園」フィジーは、四国ほどの総面積を持つ三〇〇以上の島からなる。同国最大の島、ビティ・レブ島は四国の半分ほどの大きさだ。伊豆大島や沖縄のようなサイズ感覚で入国すると、空港から首都スバにたどり着くまで数時間もかかることに、まず驚く。

このときの取材は、当時、国連環境計画（ＵＮＥＰ）の親善大使を務めていた歌手・加藤登紀子さんのフィジー訪問に合わせて組まれたものだ。この訪問で加藤さんは、現地のごみ処理施設をはじめ、普段観光客が訪れない場所を視察したり、地元の歌手グループと交流したりと精力的に親善活動を行った。

フィジー諸島は南太平洋に点在する他の小島嶼国同様、海岸線が近く、低地しかない島が多いため、温暖化による海面上昇の影響を最も強く受ける地域といわれている。国連気候変動枠組み条約締約国会議（ＣＯＰ）の場でも、フィジーはツバルなどとともに、水没の危機にある島として大きく取り上げられてきた。そのフィジーで、「南太平洋諸国は温暖化によっては沈まない」とする研究をまとめた科学者に出会ったのだ。現地で地球温暖化の先端研究をしている南太平洋大学（ＵＳＰ。本部フィジー）のタン・アウン博士である。

「海面上昇は温暖化のせいではない」と主張するタン・アウン博士

フィジーから北へ約一五〇〇キロ、九つの環礁からなる独立国ツバルは、特に標高が低いため（最高点でも五メートル）、海面上昇で「国土全体」が水没する恐れもあると指摘されている。国民（総人口約一万一八〇〇人）が丸ごとニュージーランドへ移住する構想すら浮上しているほどだ。しかし、タン博士は「本当にそうなのか。ツバル政府は、温暖化を理由に、豊かな国へ経済難民として逃げ出したいという思惑があるのではないか」と厳しい見方を示した。

オーストラリアの国立潮位研究所（ＮＴＦ）にも所属するタン氏は、専門的見地から次のように強調する。「海面の上昇にはいくつもの要因が考えられる。潮の満ち引き、気圧の高低、エルニーニョ現象もある。長年、太平洋の島々に独自の測定局を設け観測してきた。その結果、気圧の高低こそが海面を上下させる主因だという結論に達した。温暖化が大きな原因を作っているとはいえない」。そしてグラフを提示しながら、「見てご覧なさい。各島々によって海面上昇率は異なるが、国連で象徴的に語られるツバルの海面上昇は一年平均で五・一ミリ。しかし、一九九七年から九八年にかけては逆に海面は下がっている。上昇しているばかりでなく、水位が下がっている年もある。こうしてツバルは過去一〇〇〇年以上も存在してきたのです」と説明した上で、「地球温暖化研究の世界的権威、気候変動に関する政府間パネル（ＩＰＣＣ）の評価報告書は全地球的傾向を示してはいる。しかし、島レベルの海面上昇を実証しているわけではない」と言い切る。

フィジーの温暖化被害を科学的に説明してくれると期待していた私は、自信満々で、にこやかに説明するタン博士に面食らってしまった。

タン博士のこの指摘に明確に反論したのが、同じく南太平洋大学で教鞭を取り、IPCCのメンバーでもあるカナヤツ・コシー博士だ。コシー博士は私の取材にこう答えた。「NTFのデータは過去一二年間のものにすぎず、検証には十分な資料とはいえない。太平洋上にツバルなどの島々がどのように出現し、太古以来、それらがいかにして隆起、沈降してきたか、そうした長期的視点からの分析が十分盛り込まれていない。土壌が海水に削られてきた現実、それによって農地が塩水化している現実を見ずに、最近のデータのみで温暖化の影響を否定してしまっている」。

これに対してタン博士は、「温暖化否定論者的な色眼鏡で見ないでほしい。データを客観的に見てほしい」と訴えつつ、次のように指摘する。「温暖化を解決するために本当に重要なのは、CO_2の排出を削減することではなく、排出増の原因を作っている人間の増加をどう抑制するかということ。世界人口の多くを占める中国やインドの人口問題をどう解決するか、それを考えることのほうが優先課題であり、温暖化の根本的な解決につながる」。

中国やインドのせいとはいわないまでも、たしかに世界的な「人口爆発」問題は、地球温暖化問題と切り離すことはできない。人間の数が増えれば、それだけ衣食住に必要な、より多くのエネルギー、食料を作り出さねばならないし、現状のままではそれに比例してCO_2などの温室効果ガスも増大してしまう。この点ではタン博士がいうように、化石燃料から再生可能エネルギーへの転換を図りながら人口問題に取り組むというやり方は、温暖化問題における根本的な解決策の一つなの

「高潮のため、護岸が崩れてしまった」と説明するヤドゥア村のタベニバウ村長。写真提供：中日新聞

かもしれない。温室効果ガスの削減対策に多大な資金がつぎ込まれている中、少なくとも人口問題がそれにどう影響を与えているのか、科学的な客観的議論が望まれる。

ビティ・レブ島はうっそうと繁る熱帯雨林に蔽われた、こんもりした山島だ。沿岸から山側に入り込んだ道に入ると、密林は濃い霧に包まれ、バスが立ち往生することもあった。こうした地形のため、フィジーの国土が海面上昇で消滅の危機にあるとは俄かに感じられなかったが、もう一つ、フィジーにおいて目に見えて深刻なのが、沿岸部での海水による塩害とサンゴ礁の白化現象である。

各国の研究者によって「海面上昇の影響で、沿岸部の浸食が著しい」と指摘されているビティ・レブ島南西部のヤドゥア村を訪ねた。

海岸に出ると、サンゴ礁や近場の石を積み上げて造られた護岸があちこちで砕け落ちている。案内してくれたのはヤドゥア村の村長アプサロメ・タベニバウさん（四九歳・当時）だ。その無残な姿を指さしながら、タベニバウ村長は苦しげに語る。「近年では、高潮になると家の中まで海水が流れ込む。テレビやラジオといった電化製品、子どもたちが使う教科書までぐちゃぐちゃだ。海水に濡れてしまったら、もうそれで使い物にならない」。

日本の漁村もそうだが、そもそも海岸部は温暖化現象如何にかかわらず、台風などの荒天に遭えば大波による被害を受けやすい。しかし沿岸から一キロも入ったところにまで海水浸水が及ぶとなると事態は深刻だ。これがヤドゥア村では実際に起きている。

その場所に行ってみると、畑の土は白っぽく塩を吹いているように見えた。濁った農業用水を手ですくって口に含むと、間違いなくしょっぱい海水であることがわかった。

村人のサム・ラサウィラさん（四七歳・当時）はこう指摘する。「一九七〇年代に年間五〇〇〇トンほどあったこの村のサトウキビの収穫量が、二〇〇〇年代初めには三〇〇〇トンにまで落ちた。農業用水に海水が入り込んできて、農作物全般がどんどん作れなくなってきている」。タベニバウ村長に温暖化の影響について尋ねると、「温暖化なんて言葉は聞いたことがない。高潮が押し寄せる原因は、海中のサンゴが海外輸出用に掘り出されてきたからではないか」との答えが返ってきた。

一連のＣＯＰの国際交渉では、太平洋、カリブ海、インド洋などの海洋の国々が小島嶼国連合

（ＡＯＳＩＳ）というグループを結成し（一九九〇年）、「我々が海面上昇で国土を脅かされているのは、先進国の排出したCO_2が原因であり、その被害補償も含め、対策資金を出すのは先進国だ」と主張してきた。そして先進国側は「京都議定書」（ＣＯＰ３、一九九七年）以来、決して十分とはいえないながら多額の資金を途上国側に提供してきた。

では、こうした資金は、実際に苦しんでいる村の人々に、きちんと届けられているのだろうか。また、島嶼国の政府高官は、国際交渉の場で主張した右の事柄を正しく国民に伝えてきたのだろうか。「温暖化なんて言葉は聞いたことがない」と話す村長は、そうした資金援助そのものの存在すら知らないかもしれない。

「パリ協定」（ＣＯＰ21、二〇一五年）でも、「先進国が対策資金を拠出し、途上国とのパートナーシップを重視する」という枠組みは重要な柱の一つになっている。また、二〇二二年開催のＣＯＰ27（エジプト・シャルムエルシェイク）では、気候変動によって被る「損失と損害」（干ばつ、洪水、海面上昇など）への新たな基金の設立を盛り込んだ成果文書が承認され、次回ＣＯＰ28（アラブ首長国連邦、ドバイ）での採択を目指すことで合意されている。

しかし、「損失と損害」を食い止めるための実効的な対策や補償が現地で確実に行われていなければ意味がない。国際交渉の場ではこうした点を検証するルールづくりも重要である。

サンゴの白化現象の実態を取材するため、ビティ・レブ島南部にあるコロレブ村沖、約三〇〇メートルの岩礁に潜った。スキューバ・ダイビングの器材を身に着け、水中カメラを手にボートから飛び込んだ。群青の海の透明度は五〇メートルはあるだろう。

ガイドのダグラスさん（三八歳・当時）と一緒に海底を見下ろすと、一瞬息を飲んだ。水深約二〇メートル、本来なら青、赤、紫など色鮮やかなサンゴ礁が見られるはずだが、そのほとんどが灰色の石灰質でできた「亡骸《なきがら》」ばかりだった。「フィジーの海は、広大な美しいサンゴ礁が最大の魅力だった。それが白化現象で、ほとんどが瓦礫と化してしまった」とダグラスさんは嘆く。

しかも、こうした瓦礫は白化を通りすぎて、沈殿物によってさらに茶色に変色しており、景観をいっそう酷いものにしていた。「ここの海は、大型のエイ、マンタが乱舞し、回遊魚も現れる豊穣の海だった。ところがそうした魚も減り、遠くから来る

フィジー沖合の水深約20メートルでは海水温の上昇で白化したサンゴが確認できた。写真提供：中日新聞

ダイバーを楽しませることがいよいよ難しくなってきた」とダグラスさんの表情は複雑だ。

フィジーに限らず、沖縄、ハワイ、タヒチでも、いわゆる写真映えする「フォトジェニック」なサンゴの海は、最大の観光の目玉だ。そして、サンゴ礁そのものは、魚たちが産卵し、幼魚を育てる「ゆりかご」の役割を果たしている。観光と海洋保全の両方がきちんと成り立つことは、フィジーの人々の生活を豊かにするだけでなく、私たちの地球環境意識をより高めることにも通じる。

サンゴの白化、壊滅的状況は、世界的レベルで非常に深刻だ。私たちはこの問題をもっと身近に感じてもいい。

第四章　ジュゴンとサンゴの危機

本書157頁より（写真提供：中日新聞）

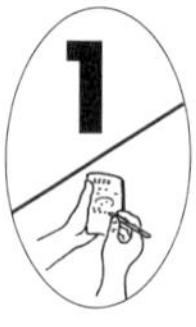

1 沖縄・辺野古問題でのジュゴンとサンゴ礁

青いサンゴ礁に包まれた沖縄諸島は、日本、世界にとって宝石のような存在だ。

かつて琉球王朝として栄華を誇ったその沖縄は、江戸時代には幕府の命によって進軍した薩摩藩に侵略され、「搾取の島」とされた。また、アジア・太平洋戦争では旧日本軍によって日本の盾とされ、「玉砕の島」とされた。そして戦後は米国の占領下に置かれ（一九七二年まで）、今も在日米軍の約七〇％が沖縄県に集中しており、その豊かな自然ゆえ開発の圧力にも晒されている。[1]

米軍の存在と開発の圧力、その負の象徴が、太平洋などのサンゴ礁海域に生息するジュゴン（沖縄ではザンノイオ）である。沖縄のジュゴンが全国的に注目されるようになったのは、宜野湾市（沖縄本島南西部）の住宅密集地に敷かれた米軍普天間飛行場の代替地として、名護市辺野古（本島北東部）の沖合が「政府判断」によって指定（一九九九年一二月）されてからだ。辺野古の沖合はジュゴンの生息地なのである。食用の哺乳類として乱獲に遭ってきたジュゴンは今、絶滅の危機に瀕している。また、天然記念物のヤンバルクイナ（ツル目、クイナ科の鳥）の生息地として有名な「やんばる（山原）の森」でも、島民、支援者の反対を押し切って米軍ヘリパッド建設が進められた（本島北部、東村《ひがしそん》高江・国頭村《くにがみそん》安波）。そのため生物多様性の宝庫が損なわれる危機に直面している。

ホテル開発などが進むリゾート地は沖縄本島西部沿岸に集中している。目映いばかりの夕日の海が一望できる絶好の観光スポットとして、全国から多くの観光客が訪れる場所だからである。建設業者に取材すると、「サンセットビーチがないホテルは儲からない」とのこと。それが理由で東海岸のほとんどは開発されてこなかった。

東海岸沿いの辺野古には、米軍キャンプ・シュワブ基地が陸上にある。それにつながる形で海上を埋め立て、飛行場を建設するというのが辺野古新基地計画である。これまではホテルの誘致も基地計画もなかったため、当沿岸部は開発されず、ジュゴンが安心して生息できる海域となっていた。新基地建設で埋め立て工事が進めば、ジュゴンの主食であるアマモなどの海草が生えなくなり、文字通りジュゴンは絶滅の道をたどらざるをえなくなる。

新基地埋め立て工事前の二〇一〇年五月に行われた沖縄防衛局による航空機調査では、ジュゴンは辺野古周辺など本島北部でわずか一、二頭しか確認されていない。クジラ研究で知られる国立科学博物館の山田格研究員（当時）は私の取材に概ねこう語っている。「生物は個体数が五〇を切ると絶滅する。ジュゴンはすでに絶滅危惧種のカテゴリーさえも下回っている。レッドデータでいえば真っ赤っかの状態だ[2]」。ジュゴンの保護、新基地計画の是非、そして沖縄の人々の生活、これらは密接につながっており、個別に議論することのできない問題だ。

新基地建設のための海底ボーリング調査が開始されたのは二〇〇四年八月に遡る。その年の一二月、私は三重大学人文学部・目崎茂和名誉教授らの研究グループが行う辺野古沖潜水調査に同行し取材した。目崎名誉教授の分析によれば、周辺一帯は、古いサンゴ礁が堆積し、ミルフィーユ状態になった非常に柔弱化した海底土壌を形成している。そこを埋め立てて、長さ二〇〇〇メートルの滑走路を持つ飛行場を造るというのが国の計画である。

海底ボーリング調査は、埋め立て工事の事前調査として那覇防衛施設局（現、沖縄防衛局）が実施していた。辺野古沖合約一八〇ヘクタールの移設予定海域内で、六三カ所を掘削するという。海上各地ではボーリング用の作業台座の設置が進められていた。目崎名誉教授ら調査グループは、作業台座が台風接近に備えて一時的に撤去されたタイミングを見計らい、その海域（沖合約一・五キロ、水深約一〇メートル）を潜水調査した。

私自身も潜水調査に参加した。真冬だが、南国の青い海は生暖かい。潜って行くと、台座を支えるために敷かれていた縦横二メートル幅の重い鉄板四枚が波の力で移動しており、海底のハマサンゴやハナガタサンゴなど数十個が押しつぶされ、割れていた。サンゴ礁も壁面が周辺約五〇平方メートルにわたり削り取られているのが確認できた。

世界自然保護基金（WWF）日本委員会の評議員などを務め、世界各国のサンゴ礁を長年にわたり研究してきた目崎名誉教授はこう指摘する。「世界的に見ても、外洋に面した沖合のサンゴ礁海域で、これほど大規模にボーリング調査をしているのは例がない。多様なサンゴ礁が複雑な海底地形を作っている場所に、不安定で巨大な台座を置くことは難しい。このような工法で作業が進めば、広範囲にサンゴ礁が破壊されてしまうのではないか」。

作業台座の支柱が落ち込んで削ったと見られるサンゴ礁の壁面を調べる三重大学の目崎茂和名誉教授（左）とご子息の拓真氏（現、高知県・黒潮生物研究所所長）。辺野古沖約1.5キロ、水深約10メートルで。写真提供：中日新聞

また目崎名誉教授は、「すでに地球温暖化による海水温の上昇で、辺野古のサンゴ礁はハマサンゴ、ダイオウサンゴなど全体の五％しか生息していない」と現状に触れた上で、「那覇防衛施設局の地質調査作業計画書によれば、作業台座の設置によるサンゴの影響面積については『概ねなし』と評価している。この評価には大きな疑念を抱かざるをえない」との見解を示し、「このような条件下で巨大構造物を建設した例は皆無だ。地質的な脆弱さはもとより、特に辺野古海域は大型台風や冬の強い季節風など、年間を通して風が厳しい。本工事、そして飛行場運営の難しさを、今回の調査が教えているのではないか」と強調した。

その後、二〇一三年一二月には、沖縄県の仲井真功多知事（当時）が国の公有水面埋め立て申請を承認し、工事への道筋がつけられた。二〇一五年には翁長雄志新知事（当時）が多くの民意を代表して工事反対を表明したが、国はこれを撥ね、二〇一八年八月から着工が開始された。本島北部の山が切り崩され、トラックから次々と土砂がサンゴの海に運ばれていった。本来の群青色とはまったく異なる茶色に濁った海を見ながら、「自衛」「防衛」という名の戦争（殺し合い）に備えるために、自然の命を破壊する、人類という生き物の愚かさを痛感せざるをえなかった。

翁長氏の後を継いで知事となった玉城デニー氏は、二〇一八年一一月、防衛省が資金計画書に計上していた埋め立て工費二四〇〇億円が、実際にはその一〇倍の二兆五五〇〇億円に膨らむ試算を国に提出した上で、工期についても、埋め立てに五年、軟弱地盤改良工事に五年、埋めたて完了後の作業に三年と、米軍の基地運用開始には最短でも一三年はかかるとして、建設断念を安部晋三首相（当時）に求めた。目崎名誉教授らの研究グループが潜水調査をした二〇〇四年一一月時点で、すでにこの難工事の問題は指摘されていた。防衛省（当時、防衛庁）は、ボーリング調査の段階で工事の難しさは把握していたはずだし、我々の報道[3]も知っていたはずだ。埋め立て現場では、今も連日、多くの島民、支援者が新基地建設反対を国や政府に訴えている。サンゴの白化現象は地球温暖化による海水温の上昇が原因といわれてきたが、今や米軍基地建設工事という、より直接的な人為が加わることで、その進行度はさらに高まっている。

国際自然保護連合（ＩＵＣＮ）は、沖縄諸島海域を「北限のジュゴン生息域の中央部」と位置づけ、日本と米国の両政府に保護を勧告している。美しい沖縄の海を埋めるため、美しい沖縄の山を削り取り、サンゴやジュゴンを絶滅に追いやるとはどういうことか。近年、地球温暖化の影響で「観測史上最大級」の大型台風が沖縄をはじめ日本各地を襲っている。海上の基地が実際に運用されることになれば、配属された米兵の皆さんも、こんな危険な場所で働くのは御免被りたいと思うはずだ。年間を通じて全国から多くの観光客が訪れる沖縄だが、国民の財産ともいえるこの島の海や山の美しさを、そしてそれを守り続けてきたこの島に住む人々（ウチナンチュー）の思いを、子々孫々に伝えるために何をすべきか、一人ひとりが真剣に考えるべきときだろう。自分たちが訪れたときだけ美しい自然が都合良く現れるわけではない。いつも沖縄に思いを馳せ、寄り添っていくことが、同じ日本に生きる私たちには求められている。環境省は防衛省と対峙し、ジュゴンを「種の保存」に関わる国内希少野生動植物種に位置づけるよう速やかに対処すべきである。

冒頭で触れたように、沖縄が日本本土の犠牲となっ

辺野古沖合約１キロで、反対派と工事作業員がせめぎ合ったボーリング作業現場。海底にはサンゴや海草が広がっていた（2004年12月24日）。写真提供：中日新聞

てきた歴史は、江戸時代にまで遡る。中国大陸、朝鮮半島、東南アジアのみならず、遠くは中央アジア、ヨーロッパまで、幅広い交易の中継点として栄えた琉球王国は、一七世紀初めに薩摩藩から武力をもって侵略され、明治維新後は国としての体裁もなくされた。その後も、この島に住む人々の穏やかで友好的な民族性は、常に「中央権力」によって従属の対象とされてきた。

私は二〇二二年四月から岩手県立大学に籍を置き、教員として働いている。先日、講義の一環で盛岡市内の志波《しわ》城古代公園を訪れた。この城は平安初期、征夷大将軍となった坂上田村麻呂が、八〇三年に「東北経営」のために造営したものらしい。その前年の八〇二年四月、東北の民（蝦夷《えみし》）を懐柔し侵略しようとする朝廷との戦いに終止符を打つため、蝦夷の総帥である阿弖流為《あてるい》と母礼《もれ》が田村麻呂のもとに投降した。民を守るためである。しかし、その本意は朝廷に無視され、結局、入京後に斬殺されてしまった。

「都」の人々が自分たちの繁栄のために「南の地」と「東北の地」に犠牲を強いてきた歴史は深い。東北の地は、今もこれからも、東京電力福島第一原発事故の影響下にある。原発事故によるあらゆる負荷と同様、沖縄の米軍新基地埋め立て問題がいかに理不尽なものかは自明である。私たち一人ひとりがこの理不尽さを「自分ごと」として捉え、声を上げ続けることこそが、日米両政府の目を醒させ、その姿勢を転換させる最短距離であると私は信じる。

2 海洋プラスチックごみ問題

海に捨てられるプラスチックごみの汚染問題は、すでに二〇年ほど前の二〇〇〇年頃から指摘されていた。しかし、この海洋環境問題が広く一般に知られるようになったのは、二〇一六年四月に行われた世界経済フォーラム（ダボス会議）の年次総会で、「このまま何ら対策が取られなかった場合、二〇五〇年には、海のプラスチックごみは世界中の魚の重量を上回る」という試算が報告されてからだ。[4] ストローが鼻に刺さったウミガメの写真が自然保護団体によって公開され、ネット上で拡散したのもこの頃だ（本書九七頁参照）。私が海洋プラスチックごみ問題を強く意識するようになったのは、自然写真家・高砂淳二さんと出会ってからである。

高砂さんは、宮城県石巻市出身で宇都宮大学を卒業後、ダイビング雑誌『ダイビングワールド』の水中カメラマンとしてキャリアをスタートした。私はこの雑誌を約三〇年前にダイビングを始めた頃から愛読していた。毎号、表紙を飾る幻想的な写真作品が魅力的だった。ある号の表紙は、西太平洋のロタ島（グアム島の北約九〇キロ）にあるダイビングポイント「ロタホール」の海中洞窟を

地球温暖化や海洋プラスチックごみの影響を訴えている自然写真家の高砂淳二さん

テーマにしたもので、洞窟内に太陽の光が筒のように注ぐ中、女性ダイバーがまるで宇宙に浮かんでいるように見える構図には目を奪われた。この作品を撮影したのが高砂さんだった。中日新聞三重総局に勤務していた一九九〇年代半ば、後輩の女性記者の知人がこの雑誌の編集者だったという縁もあり、高砂さんと親交を結ばせていただいた。

長く世界中の海を取材対象としてきた高砂さんは、ハワイの夜の虹など幻想的な作品で知られ、雑誌『ナショナルジオグラフィック』で有名な日経ナショナルジオグラフィック社から写真集を出版（『PLANET OF WATER』二〇一九年刊）、二〇二二年一〇月には、自然をテーマにした世界で最も権威のある写真賞とされるイギリスの大英自然史博物館主催「Wildlife Photographer of the Year」自然芸術部門で最優秀賞を受賞している芸術家かつ社会派カメラマンだ。その高砂さんが今、一番訴えているのが海洋プラスチックごみ問題と気候変動問題である。

北太平洋の絶海の孤島、ミッドウェー島ではコアホウドリの幼鳥が、母鳥から小さなプラスチックごみを餌と間違って与えられ死んでいく。ウミガメが半透明のプラスチックごみをクラゲと間違えて食べてしまう。高砂さんは美しい自然写真を撮影する一方で、深刻な海洋汚染を最前線の現場から目の当たりにしてきた。現在は、ＯＷＳ（The Oceanic Wildlife Society）の副代表理事として、長崎県・対馬の沿岸汚染や、静岡県、千葉県など温帯域のサンゴ調査に携わりながら、自然の美しさと破壊の現状を伝える伝道師的役割を果たしている。

コアホウドリの赤ちゃんの死骸からは多くのプラスチックごみが見つかっている © 高砂淳二

高砂さんの作品によく登場する人気のタテゴトアザラシの赤ちゃんは、カナダ東岸沖合の氷上で出産されるが、ここでは流氷が地球温暖化の影響で短時間で溶けてしまい、赤ちゃんが泳ぎを覚える前に溺れてしまう事態も起きているという。

また、買い物袋やペットボトル、使い捨て容器など、「軽くて丈夫で便利な材料」

温暖化の影響で流氷が解け、タテゴトアザラシの赤ちゃんも溺れ死ぬ危険に見舞われている。© 高砂淳二

として作り出されるプラスチックは、海中で分解されてマイクロプラスチックになると、有害物質を吸収する性質を持つらしく、それを魚類や貝類が食べ、最終的にそれらを人間が食べることになる。人体への悪影響は容易に想像がつく。

二〇二一年三月、高砂さんと一緒に千葉県館山市のダイビングショップ「マナティーズ」の山崎由紀子さんが主催する沿岸清掃に参加した。一見美しい房総の海岸もやはり沢山のプラスチックごみに汚されていた。清掃に参加した定置網の漁師さんは、スズキやアオリイカの好漁場として知られる地元のこの海が発泡スチロールなどで広く汚染されている状況を懸念していた。海洋プラスチックごみは、今や私たち自身の健康まで脅かす存在になっている。現状を深刻に受け止め、脱プラに向けて行動しなければならない。

二〇二二年四月から「プラスチックに係る資源循環の促進等に関する法律」（プラスチック資源循環法）が施行された。これは、プラスチックを製造する事業者には設計や製造段階での環境配慮・販売を、また提供する事業者には自主回収・再資源化計画、特にスプーン、フォーク、ストローなどの使い捨て（ワンウェイ）プラスチックへの環境負荷配慮を求めるものである。

この新法によって、プラスチックごみ問題は一挙に解決できそうな気もしてくるが、そう簡単にいくだろうか。

これまでプラスチックごみのリサイクル率は、その六割が「熱回収」用に割り当てられてきた。

「熱回収」とは、ごみ焼却施設でごみを燃やし（つまりCO_2を排出し）、そこから発生した熱で水を温め、発電や温水プールに利用するというタイプのリサイクル法である。新法、プラスチック資源循環法では、この「熱回収」によるリサイクル法を見直し、国から自治体への補助金（循環型社会形成推進交付金）の対象を「分別収集」用と「再商品化」用の二つに振り分け、両者のリサイクル率の向上を目指している。しかし、交付される補助金の規模は自治体ごとに異なるため、その実効性には大きな差が出てくるだろう。

しかも、新法が扱うプラスチックごみは、あくまで家庭や事業体等から出るごみを対象としており、それらのごみは、ほぼ清掃車による回収分に限られる。しかし、海岸のプラスチックごみはどこから出るのか。国内で投棄されたごみだけではない。海外から流れ着いた漂流プラスチックごみもかなり含まれる。

先日、大学の研究ボランティアサークルの活動として、三陸海岸の岩手県田野畑村を訪ねた。ここでも、岸寄りの繁みにはペットボトルや使い捨て容器など多くのプラスチックごみが打ち寄せられていた。新法によるプラスチック製品の削減対策とともに、こうした海洋プラスチックごみ対策も緊急性を要する。

国境なき気候変動問題と同様、海洋プラスチックごみ問題にも国境はない。世界中の海を浮遊し汚染するプラスチックごみは、海流に乗って海洋全体の生態系に影響を与え、あらゆる地域の海岸に達する。国連気候変動枠組み条約と同じレベルの、「国連海洋プラスチックごみ枠組み条約」が喫緊に求められる時代を私たちは生きている。

3　東京ウォール

世界的に猛暑の度合いが年々高まっている。日本でも頭がクラクラするほどの「熱射日」が今後も続くだろう。誰もが地球温暖化の深刻さを実感せざるをえないといったところだが、東京などの都市部では、気候変動による二次的な影響も気温上昇を招く要因として明らかになっている。ヒートアイランド現象だ。

ヒートアイランド現象とは、夏の間、エアコンの室外機や様々な動力源から発せられる市中の熱気が微小なごみとともに上空に滞留し、まるで熱気のお椀が被さったようになる現象だ。いわば、コンクリートで埋め尽くされた「熱の島」のような大気塊が市中にできる状態をいう。猛暑が続けば室内のエアコンも強化せざるをえず、その結果、室外機からさらに熱い熱が放射されてしまうという、灼熱のスパイラルが起きている。

東京湾の「湾岸」エリアには、荷揚げのための巨大なキリンのようなクレーンが並び、その内側に高層マンションや高層ビル群が林立する。なかでも、電通本社ビル（二一〇メートル）や、日本テレビタワー（一九三メートル）などが並ぶ東京・港区の汐留《しおどめ》エリアは、ヒートアイランド現象を深刻化する「東京ウォール」（東京湾からの風を遮る屏風《びょうぶ》岩のような巨大ビル群が作り出す壁）として、研究者らによって指摘されてきた。

建築・都市環境工学を専門とする早稲田大学理工学部教授の尾島俊雄氏は、「汐留エリアビル群が、新橋、虎ノ門［いずれも港区］をはじめとした都市中枢部のヒートアイランド現象解消を妨げる大きな要因となっている」と分析していた[5]。環境省のヒートアイランド現象調査検討会の座長だった尾島氏は、汐留エリアの縮尺模型（一〇〇〇分の一）を研究室に設置。海側から風を送り、ビルによる風の変動をシミュレーションする風洞実験を行った。実験によると、汐留ビル群の都心側には約一キロにわたってまったく風が流れないことが判明。マンションに住む人々を相当悩ましている夏場の熱帯夜は、この澱んだ空気に起因することが指摘された。

尾島氏は、ヒートアイランド現象の最大の原因として、オフィスビルやマンションに設置されたエアコンの室外機からの熱気や、コンピューター機器から外気に発せされる熱を挙げる。戦前の東京は東西に走る道路を「太陽の道」、南北に走る道路を「風の道」として都市造りが進められ、家の中に流れる風の吹き抜けが考慮されてきたが、冷暖房機器の発達によって、そうした配慮が次第に薄らいでいったと尾島氏はいう。

東京湾では、七月から九月にかけ、都心に向かって頻繁に海風が吹く。この南からの海風が長年、東京のヒートアイランド現象を軽減してきた。ところが、長引く景気低迷を打開するために行われた日米共同協議を経て、汐留エリアの三一ヘクタールが、最大一二〇〇％の容積率緩和を認めた「構造改革特区」に指定され（二〇〇三年）、高層ビル群の林立地帯となり始めてから、この海風の働きにも限界が生じてきた。この状況について尾島氏は、「ビル群による東京ウォールが、海風をせき止め、都市の熱の解消を妨げている。構造改革特区で景気浮揚を目指しながら、エネルギー換算で数十億円を失っている」と皮肉を込めながら解説してくれた。

フジテレビのビルやショッピングモールが並ぶ「お台場」として知られる同じ港区の埋め立て地エリアは一九九五年に世界都市博覧会が計画された場所だが、高層ビルによるヒートアイランド現象が深刻化するとの懸念から計画中止に至った経緯がある。世界都市博覧会の中止は、これを公約に掲げて当選した青島幸男都知事（当時）が学識者の意見を参考に決断したものだった。これについて尾島氏は、「行政が実施主体の計画は、学識者の意見が反映されやすい。しかし、民間企業による開発の場合、法的担保がないと、我々が問題点を指摘してもなかなか反映されず進んでしまう」と明かす。

尾島氏は、東京・山手線内のＪＲ品川駅－田町駅間に新たに開設された「高輪ゲートウェー駅」

（二〇二〇年）の開発にもすでに二〇〇四年六月時点で注文を付けていた。品川駅南口から旧隣駅の田町駅にかけては明治時代より巨大な停車場（操車場）が置かれ、また品川駅の反対隣、大井町駅から大崎駅にかけても同じく明治時代より主に鉄道用地として確保されてきた場所だ。尾島氏は、この品川駅南口エリアが将来的にリニア新幹線の新駅になることも見越した上で、併設される高層ビル群が「屏風化」する（風を遮断する）現象だけは避けねばならないとして次のように警鐘を鳴らしてきた。「開発計画の際には、いかに都心への『風の道』に配慮したビル造りをするかが重要だ。データも具体策もないままでは、東京の湾岸エリアは、いずれ屏風岩［まっすぐに切り立った岩］のような高層ビルに立ち塞がれてしまうことになる」。

尾島氏によるこうした研究が東京新聞に「東京ウォール対策」として紹介されると、[6]テレビなどのメディアは、すでに「屏風化」している汐留エリアを批判の的として盛んに取り上げるようになった。前述の通り、当時の汐留は一九三メートルのタワービルとして日本テレビの新社屋が建設されたばかりのエリアであり、他の在京キー局としては「敵《かたき》」のように揶揄する格好のネタとなったのだろう。突然、降って沸いたテレビ取材、一連の加熱報道に、尾島氏は「まるで都市計画の反対論者のように見られてしまっている。そうじゃないいんだけどな」と戸惑っている様子だった。

東京のヒートアイランド現象は、近年、都心部で局地的に発生する集中豪雨にも深く関わっているようだ。防衛大学校地球海洋学科（神奈川県横須賀市）の小林文昭助教授（現、教授）にもお話を伺った。[7]

小林氏は、都心の局地的集中豪雨とヒートアイランド現象との因果関係を気象科学的に立証する研究に取り組んでいた。なぜ、防衛大学校で気象なのかというと、当然のことながら軍用機や戦艦の運用という戦略上の観点から、気象条件の分析は不可欠だからである。

実際、歴史をひもとけば、鎌倉時代に、元（中国）の軍隊が日本に来襲した際（元寇）も、大型台風という気象現象が元軍の船隊に壊滅的被害を及ぼし、元軍敗退を決定的にしたといわれる。一九四五年八月九日の米軍機による長崎への原子爆弾投下では、当初、投下の第一目標は西日本最大の軍需工場を持つ福岡県小倉市（現、北九州市）だったが、当日は上空が雲に覆われる気象条件となり地上の街が目視確認できなかったため、長崎に変更された。近年では、宇宙ロケット（実質的にはミサイル）の打ち上げがたびたび気象状況に左右され変更されている。このように、軍事と気象は常に密接な関係にある。

小林氏も尾島氏と同様、東京湾岸の高層ビル群の存在について、太平洋側から高さ一キロの範囲で吹き込んでくる海風が、ビル群の高さでせき止められ、地上のヒートアイランド化を助長していると指摘する。

また気象現象とヒートアイランド現象との因果関係については、一九九九年七月二一日、東京・練馬区で一時間に一三一ミリという記録的な集中豪雨が発生し、新宿区の男性が地下室の浸水で死亡した事案を挙げている。小林氏は当日、高台に立地する防衛大学校の校舎屋上から、首都北西部方面にもくもくとわき起こる積乱雲を観察していた。「普通なら、東京西部、多摩の山麓で起きる積乱雲は、雨を降らせながら海上に移動し、小さくなっていく。しかし、このときの雲は練馬区上空で高さ一七キロにある成層圏に達しながら、同じ場所でわき上がるように自己増殖を繰り返していた。そして滝のような雨を都心部に降らせ続けていた」と振り返る。なぜこんな気象になったのか。小林氏はこう分析する。「この日の午後、東京の気温はヒートアイランド現象で三三度の高温になっていた。この気温まで達すると上昇気流が起きて、局地的に空気が薄くなる。ここに湿った空気が流れ込み、雲ができる。相模湾［神奈川県］からの海風、鹿島灘［茨城県・千葉県］からの北東の風、北関東［茨城・栃木・群馬三県］からの北風が練馬区上空で重なった。熱い空気と水蒸気の大量流入が巨大積乱雲の成長を呼び、一万回にも及ぶ落雷を起こした」。

「東京ウォール対策」の提唱者、尾島氏は、自然との共生は農村部だけの話ではなく、むしろ大都市ほど重要であり、「風」という共有の「資源」を開発からどう守るかが課題だと訴える。建築学の碩学が、自然に吹く「風」そのものを「資源」と位置づけていることに注目したい。気候変動問題とは結局、目の前にある空気の問題であり、その空気を運ぶ「風」は、実は私たちの生活に不可欠な「資源」でもあったのだ。この認識に立つことが、ヒートアイランド現象を理解し、食い止めるための第一歩かもしれない。

街なかに何気なく掲げられている周辺住民用の「建築工事告知板」や、工事のための「住民説明会」ではこうした視点はない。「風と住環境」をめぐる問題については、法整備を含め抜本的な対策が求められてよいのではないだろうか。大手ゼネコン、デベロッパーにとって法的な対応が求められる「周辺住民」の対象範囲は、現状では文字通り四方数十メートルの「周辺」に限られている。今後は、「風」という「資源」の観点から、その恩恵に預かるべき広範なエリアに住む人々が「周辺住民」として位置づけられるべきだろう。ＩＴが発達する現代、企業や行政は都市づくりの初期計画、構想段階から、より広範な「周辺住民」を対象に然るべき情報を公開し、「風の道」に配慮した住環境を整備していく必要がある。

今後も毎夏、都心部の住民は息もできぬほどの熱波に苦しめられるだろう。日本全体、世界各地が同じような状況にある。冷気供給マスクでもしなければ生きていけない悪夢の時代など想像しただけでも恐ろしい。大規模乱開発で巨富を得る、経済成長・開発至上主義の限界はここにも見出せる。一日も早く発想の転換を図り、「風の道」の再整備に向けた新たな都市づくりを開始すべきである。

東京が問われる緑化度

地球温暖化を解消する手法として、温室効果ガスの排出削減と並行して掲げられるべきとされているのが、「都市の緑化」だ。科学的測定に基づく緑化度については行政もデータを持っている。[8]それを見ると、東京の緑の少なさは際立っている。都市計画と緑化はどうあるべきか。国際影響評価学会長などを務める都市緑化政策の第一人者、東京工業大学の原科幸彦教授（現、千葉商科大学学長）にお話を伺った。[9]

原科氏によると、東京二三区と米国・ニューヨーク市を比較すると、土地面積ではニューヨーク市のほうが三割広いが、ビルのフロア面積では東京のほうが二倍も広い。狭い土地にもかかわらずフロア面積が広いのはビルの高層化と広域化によるものだ。公園面積の比較では、ニューヨークのマンハッタン中央部にあるセントラルパーク（三・四一平方キロ）は千代田区の日比谷公園（〇・一六二平方キロ）の二〇倍以上の広さを持つ。一般にニューヨークは、マンハッタンを代表する「摩天楼」（Skyscraper）に象徴されるように、「高層ビルに埋め尽くされた都市」というイメージが強いが、それはブロードウェイやギンギラネオンの「不夜城」＝タイムズスクエアといった活気ある華やかな風景がテレビによく映ることからの錯覚である。実際には緑がかなり多い。一方、第二章5節で触れたように、東京二三区の「みどり率」はわずか二割強程度。しかも、この「緑」の中には河川も含まれており、実際の緑はさらに少ない。ヘリから見れば、地表のほとんどは高層ビルや中高層住宅に埋め尽くされている。まとまった緑が見えるのは皇居外苑（千代田区）、新宿御苑（新宿・渋谷区）、代々木公園（渋谷区）など本当に少ない。

実は東京ほど緑をないがしろにしてきた都市はないといわれる。たとえば、二〇〇二年に「特例容積率適用地区制度」という新制度が建築基準法に「特例」で盛り込まれた。これは、ビル建設の際、本来なら、そのビルが建つ敷地面積からしか認められなかった容積率（建築物の延べ面積の敷地面積に対する割合）を、他の敷地分からも移転した形で加算できるというもので、要はビル建設のための徹底した土地利用を認める制度だ。緑を減らし、土地所有者と開発業者の営利的側面を最大限に優先するために設けられた制度といえる。こうした「規制緩和」は政府が主導し、国土交通省の審議会の諮問などを受けて進められてきた。国だけでなく東京都にも審議会があり、いずれも開発業者や学識者が「諮問」され、答申に基づいて開発が許認可されていく仕組みだ。

原科氏は、開発業者が謳う「環境配慮型のビル開発」について、「実際はビル周辺に木が植わっていればいいという感覚の事業が多い」と厳しい目を注ぐ。ビル開発予定地の周辺住民が、もともとそこにあった樹木の保護を求めて行政に陳情に行くケースは少なくない。しかし、その樹木の多くが「法的に問題なし」として伐採されてきたのが実情だ。原科氏はこう指摘する。「『環境アセスメント』〔環境面での影響評価〕というけれど、実際は開発業者側がアセス会社に発注し、作成されたアセス〔評価〕を行政に届ける。開発のアリバイづくりの要素が大きく、〔開発業者の都合に合わせるという意味で〕環境アワセメントと揶揄されることもある。係争を防ぐためにも、小規模なビル建設を含めてきっちりアセスするという、市民目線に立った法整備が求められる」。

都内をはじめ、新たな開発エリアを歩いて回ると、通路やホール、壁面に、きれいな葉っぱの鉢植えや、色鮮やかな花々が飾られているのをよく見かけ、心が憩う。しかし、近寄って手で触ってみると、人工物の場合が多く、興覚めしてしまう。空気浄化機能を加えた人工植物もあり、緑の世界でも巧みな「フェイク」（偽物）が出現しつつある。原科氏は、東京の街づくりには哲学が感じられないと評した上で、「防災上の観点からも、東京都内の公有地は今後、すべて緑化すべきだ」と訴えている。

二〇一五年の国連気候変動枠組み条約第二一回締約国会議（ＣＯＰ21）で採択された「パリ協定」では、「発展途上国」に向けて「緑の気候基金」の創設が盛り込まれた。これに呼応するように、日本では総務省が、「森林整備」に取り組む地方自治体を支援するために、二〇一六年度地方交付税に五〇〇億円の特別予算枠を盛り込んだ。国連の気候会議のたびに、政府からは、温暖化対策のための巨額な予算が「大盤振る舞い」するかのように各自治体に拠出されてきた。再生可能エネルギーの普及や省エネ公用自動車の購入に充てる補助金などもそうである。しかし、「森林整備」の予算は末端まで的確に執行されているのだろうか。私たちの血税で賄われているその予算が地元で具体的にどう使われ、私たちの周辺の「緑」にどう反映されているのか、そのチェック体制を作り上げることも必要である。ＩＴ時代なのだから、予算執行の「見える化」を、新設されたデジタル庁に是非とも実現してほしいものだ。

第五章——未来への提言

本書203頁より（写真提供：中日新聞）

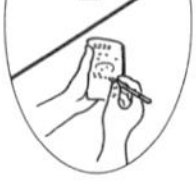

1 小松左京氏が遺した言葉「人間の叡智という希望」

新型コロナウイルスの世界的拡大で、ＳＦ作家小松左京さん（一九三一～二〇一一年）の小説『復活の日』（英語タイトルは*Virus*、一九六四年）が注目され話題となった。ウイルス菌兵器入りのカプセルを積んだ飛行機がヨーロッパのアルプス山地に墜落し、雪解けとともに広がったウイルス菌が人類を滅亡の危機に陥れる。そしてウイルスが育たない南極で、観測基地で働く各国の隊員たちだけが生き残るという物語だ。『日本沈没』（一九七三年）をはじめ、自然科学領域へ深く分け入る超越的な想像力と、文化、歴史、哲学など人文科学的思考を幅広く網羅した作品で知られる知の巨人は、地球温暖化についてどう考えていたのか。

以下は二〇〇八年五月一〇日、大阪府豊中市のご自宅近くのホテルで小松さん（当時、七七歳）にインタビューしたときの模様である。[1] かつて小松さんは「首都消失」という題の小説を中日新聞（東京新聞）朝刊に連載しており（一九八三年一二月～八四年一二月）、その中に名古屋駅の鶏そぼろ弁当を絶賛するシーンがあった。鳥肉そぼろと卵そぼろの組み合わせの妙が詳細に記述されていたので、相当なファンなのだと思い、この弁当をいくつか買い込み手土産にした。学生の頃、小松さんをお見掛けしたことはある。都内のホテルレストランでウエーターのバイトをしていたときだ。あのときの恰幅のよい姿とは異なり、インタビューのときにはあごひげを生やし、少しやせ気味で仙人のような風貌の小松さんがそこにいた。昼間だったが、軽く日本酒をいただきながら、気さくにインタビューに応じてくれた。

Q 気候変動に関する政府間パネル（ＩＰＣＣ）は、地球温暖化に対し、今後世界が何ら対策を取らなかった場合、今世紀末には最大六度以上気温が上昇し、人類存亡の危機に直面すると警告しています。『日本沈没』で地殻変動、『復活の日』で未知の新型ウイルスを題材に取り上げられてきましたが、地球温暖化を作品のテーマとして検討されたことはありますか。

小松さん 僕は、人類の危機は地球の寒冷化にあると考えてきた。むしろ地球温暖化には、これまで寒くて穀物の作れなかった場所が、暖かくなることで新たな収穫地になるとか、メリットもあると思う。ただ、『復活の日』では、零下の南極基地だけがウイルスから守られ、人類が生き残れる道を残しているけど、温暖化が進んでしまうとそうはいかない。極地も暖かくなり、地球全体に感染が行き渡る。シナリオを変えなきゃいけなくなるね。

「温暖化でウイルスが極地まで入り込むと『復活の日』のシナリオも書き換えなきゃいけなくなるね」と予言的な見解を示していた小松左京氏（2008年５月10日、大阪府豊中市で）。写真提供：中日新聞

Q　国連気候変動枠組み条約締約国会議（ＣＯＰ）など、温暖化問題の解決へ向けた一連の国際交渉は紛糾しているように見えます。人類は迫り来る危機を回避できるでしょうか。

小松さん　人類はこれまで火山の噴火を何度も経験し、噴煙が大気圏に巻き上がって生じる寒冷化という気候変動にたびたび苦しめられてきた。寒冷化は農作物の収穫に大きな打撃を与える。でも、フランス革命［一七八九〜九九年］に見られるように、主にそうした食糧問題を引き金に社会変革が生じてきた。温暖化という今回の気候変動でも、基本的には食べ物の生産がどうなるかということが重要です。気候危機をどう乗り越えるか。昔と違って、今は国際的な意思疎通が簡単に図れる時代です。必ず危機は回避できると思う。

Q　日本政府は二〇五〇年に温室効果ガス排出量の半減（二〇〇八年七月の北海道洞爺湖サミット［Ｇ８］での福田康夫首相［当時］提案。本書七三〜七四頁参照）を目指していますが、二〇五〇年、日本や世界はどんな姿になっていると思いますか。

小松さん　先進国、発展途上国とも、その多くがそこそこ食べていける中産階級国家になっていると思う。日本は、巨大人口を抱える中国の頭脳という役回りを演じているのではないでしょうか。

Q　日本政府は総合科学技術会議で、温暖化対策の柱に「革新的先端科学技術」の開発を掲げています。最も求められる技術とは何でしょうか。

小松さん　地熱発電、海水温度差発電、潮流発電、さらに、太陽光エネルギーを電気に変えて輸出することなどいろいろ考えられる。バイオガスによるごみ発電もそうです。いずれにせよ、私たちはエネルギーを消費するが、この消費はエネルギーの生産へと一〇〇％循環させなくてはならない。ごみから発電する仕組みはその最たるものだよ。本当に一番重要なのは、生き方なんです。マナーといってもいい。先端技術があるだけじゃだめですよ。人類が地球温暖化防止に向けて何かをしていくという、共有のマナーを身につけることが大事だと思います。

Q　長い地球史の中で、今危機が叫ばれている温暖化現象は、地球にとって相当特異な状況といえるのでしょうか。

小松さん　現在、地球は、氷河期と氷河期の間の間氷期にある。一七世紀から一八世紀にかけて、小氷期は三回来ている。この寒さを克服するため石油、石炭などの化石燃料が使われてきた。しかし、考えてみると、この化石燃料の使用が温暖化の原因ならば、いわば人類の存在そのものが温暖化の元凶といえるんです。地球が温暖化したため、人類が減少するのなら、それも地球のサイクルの一つでしょう。ただ、先にもいいましたが、本当に人類にとって危機なのは、何万年後かに来る氷河期による寒冷化だと思いますよ。

Q　小松さんは、一九七〇年に開催された大阪万国博覧会で、テーマ館のサブプロデューサーを務められました。万博のテーマは「人類の進歩と調和」でした。私たち人類と人類以外の存在とが、ともに豊かに共生し続けるために、一番重要なことは何でしょうか。

小松さん　首都・東京に林立する高層ビル群、建物群を見たまえ。かつて地球上では土と森と大気が会話していた。ところが、人類の途方もない科学技術文明は、この自然のしかばねの上に築き上げられてきた。そのしかばねが地球全体に広がっている有様、しかばねの実態の全容を実感できるのは宇宙からではないかな。二〇五〇年に開かれるサミットでは、世界の首脳たちには国際宇宙ステーションに行ってもらい、自身の眼で地球を見ながら未来を語り合ってほしいね。

（初出、「地球発熱」東京新聞、二〇〇八年六月二一日朝刊。一部修正）

地球温暖化問題をテーマにしたインタビューだったが、ＳＦ界の巨人は銀河の成り立ちから消滅までを見据えるかのように、人類の今の立ち位置を語ってくれた。

インタビューから十数年が経過し、地球温暖化はより深刻化している。これにコロナ禍が加わり、ロシアのウクライナ侵攻をはじめ、地球上では人類同士の殺し合いが治まらない。核戦争よる絶滅危機もＳＦの世界だけではなくなっている。

それでも人類はあらゆる叡智を絞って危機を乗り越えていかねばならない。人の一生は星の一瞬のまたたきにもならない儚いものだが、私たちは人類の叡智という希望をきちんと引き継いでいかねばならない。小松さんは今を生きる私たちにそう告げているように思われる。

2

宮崎駿監督の提言
「半径三〇〇メートルに責任を」

二〇一〇年一〇月に名古屋市で開催された国連生物多様性条約第一〇回締約国会議（COP10。本書第一章10節参照）の事前企画取材で同年三月一八日、埼玉県所沢市在住の宮崎駿さんを尋ねた。

宮崎さんは、アニメ映画『風の谷のナウシカ』（一九八四年公開）、『となりのトトロ』（一九八八年公開）、『もののけ姫』（一九九七年公開）、『千と千尋の神隠し』（二〇〇一年公開）など、人間の在り方と科学技術・開発に対する啓示的な作品を数多く手がけ、『千と千尋の神隠し』ではベルリン国際映画祭で最高賞の金熊賞（二〇〇二年）、米アカデミー賞長編アニメーション映画部門賞（二〇〇三年）を受賞した世界的なアニメーション作家、アニメーション監督として知られる。欧州でもテレビアニメ『アルプスの少女ハイジ』（一九七四年一月〜同年一二月）のアニメーターとして古くから根強いファンを獲得してきた。

一方で、宮崎さんは、ラディカルな自然保護活動家としての側面も持つ。森林や湖などを保全するため開発業者と戦っている全国各地の自然保護団体に向けて、応援メッセージのシンボル的な挿絵を描き、自らも活動に携わっている。

宮崎さんが仲間たちと立ち上げたアニメの制作集団、スタジオジブリ（東京・小金井市）によるアニメ映画『平成狸合戦ぽんぽこ』（一九九四年公開、高畑勲監督）や『千と千尋の神隠し』には、都市開発に抗するタヌキや、自転車・ガスコンロなど不法投棄物にまみれた川の神「腐れ神」が登場する。『千と千尋の神隠し』の主人公である千尋を助ける川の神「ハク」も、都市開発で埋め立てられた川の神という設定だ。埋め立てられたため、川の名は失われ、その存在はすでに人々の記憶から消えている。しかし、幼年期、この川で溺れ、ハクに助けられた千尋だけがこの川の名「コハク川」を知っている。自身の本来の名前を奪われていたハクは、千尋からその名を教えられ、「ニギハヤミコハクヌシ」という元の竜神となって再生する。これが物語の重要な骨格の一つとなっている。

二〇一一年三月一一日に発生した東日本大震災で東京電力福島第一原発が巨大事故を起こしたとき、スタジオジブリは会報で、「ジブリは原発で作られた電力以外で映画を制作したい」とアピールした[2]。

二〇一〇年のインタビュー取材は、私たちのライフスタイルへの提言が中心となった。宮崎さんが強調したのは、「自分の住む半径三〇〇メートルの環境下で責任を持って暮らす」という、人間の等身大の生き方であった。自宅近くを流れる柳瀬川周辺（埼玉県所沢市と東京都東村山市の境）の雑木林が宅地開発で失われるという危機に直面したとき、宮崎さんはこれに反対する地元の森林保全運動に共鳴し、三億円を所沢市と東村山市に寄付（一九九七年）。募金活動などもあり、これらを元に両市がこの森を購入し公有地化（約六〇〇〇平方メートル）している。現在、武蔵野台地の一角を形成するこの雑木林は「淵の森」として市民の憩いの空間となっている。

Q　「淵の森」は今、どのように保全が進んでいるのですか。以前、「川の上流から浄化しないとだめ」と仰しゃっていましたが少しは変化がありましたか。

「自分の住んでいるところから半径300メートルの自然に責任を持ってほしい」と持論を語る宮崎駿監督（2010年９月）。背景に写るのは埼玉県所沢市の「淵の森」

宮崎さん　上流［埼玉・狭山丘陵に発する柳瀬川の上流。狭山湖、多摩湖の人工湖がある］については、本来の植生をどうやって再生するかに努力している最中。外来種がどんどん入って来ているんです。ありとあらゆるもの。それはもう、上流付近の空き地に生えているのはほとんどが外来種ですよ。昔からあった在来の植物を痛めているのは人間です。この点、［中流にある］「淵の森」は安定した状況なので外来種はほとんど入って来ない。ほじくったり整地したりとか、人間が壊したところに外来種は入って来る。畑の周りもだめ。ただ、森の周辺で古いところからずっと続いている部分だと在来種が戻って来ている。そうはいっても危機的状況ですよ。秋の虫のウマオイとかクサムシとか、この辺りでは全然見なくなってしまった。

でも毎朝ここを回って過ごしてきたことで僕自身、精神的にずいぶん安定してますね。残していくというより育てている感じ。「淵の森」のように点だけで残すのではなく、本来は面で残さないといけないですよ。「淵の森」がある柳瀬川には下水道の問題もあるんです。

ここにはアユも来る。雨の量が減ると下流から上がってくる数は減る。もともとアユがいた川ではないので、これも異変ですけどね。

Q　生物多様性の観点から見て、ほかに異変を感じることは？

宮崎さん　人間も変わった。だめになった。一匹の蚊、ハエで大騒ぎするじゃないですか。そういうところで、生物として人間はだめになっている。ほかの生物と一緒に暮らせないなんて種《しゅ》としてだめでしょう。その罰は文明まるごとで受けることになるはず。僕がここで叫んでもしょうがないと思うけど。

Q　「淵の森」の保全活動に取り組む中で、国、都、市には何が一番足りないと思いますか。

宮崎さん　お金が足りないですよね。しかし、保全のための公的仕組みも大事だけど、まず保全に取り組みたい人について見ていくことが先です。やる人がいればいろんなことができる。地元の住民にやる気のある人がいれば動き出す。そういう人がいるかどうかです。役所が予算付けしたから始まるわけじゃない。僕は役所と交渉するのは好きじゃない。ほかにも様々なやり方があると思いますよ。

Q　日本各地で「淵の森」のような保全活動が行われています。しかし、結局、開発側に負けがちです。これについてどうご覧になっていますか。

宮崎さん　いろんなところから、僕のところへ、助けてほしいといってくる。でもそこまではなかなか手を出し切れないですよ。

いずれにしても今、開発は都市に集中しすぎ。このままいけば、不動産屋さんも結果的に泣くことになるんじゃないでしょうか。

異常な過密で、しかも、人口が減り始めている。

東京だけがまだ増えているといっているけど、もう先は見えていますよ。所沢市はすでに人口増が止まった。だから、都市部の人口減少も目の前に来ている。街の真ん中から荒廃していくという時代に東京も差し掛かっている。都市の再生は、人口を減らさないことじゃなくて、人口が縮小していくことを見据えた上でなされるべきだと思うんです。東京の五〇年先の人口は九五〇万、八〇〇万になるといわれている［二〇二二年末現在、約一四〇〇万人］。所沢も人口三〇万を切ったとき何が起きるのか見てみたい［二〇二二年末現在、約三四万人］。

Q　五〇年後を見据え、どういう方向を取るべきだと思われますか。

宮崎さん　日本に関しては仕切り直しをしないとだめ。農業と工業がどういうバランスを取るか。農業を保護するとはどういうことか。要するに重心をどこに置くかってことですよ。国土再建ってことをしないと多分この民族はだめになる。

もっとも、バランス的に農業中心・工業中心という問題以前に、現実は消費中心になっている。アメリカの真似ですよ。アメリカは消費目的だけでドルの紙切れをいっぱい作った。それが［二〇〇八年に起こったリーマンショックで］パーになりつつある。没落必至。一緒に御神輿《おみこし》担いでいたのだから日本も没落しますよ。

Q　それでも歯止めの利かない開発の現状をどのように見ていますか。反対する周辺住民は、行政への陳情活動を依然として続けているのですが。

宮崎さん　人口増が止まる中、なるべくその実態に目をつぶり、住宅を売り逃げしたい業者間の戦いになっている。建てすぎで過密になったエリアを多く抱えている不動産業者は死んでいくんです。もうアメリカでもヨーロッパでも日本でも、都市部ではさんざん開発をやってきた。東京は今も続いている。東京の人口増が止まる日は必ず来る。そのとき、住宅売買とのすき間がどうなるか、開発業者は何も考えていない。決算の内容を良くしようと思っているだけです。こうした現状を変えるには法律だけに期待してもだめ。住民が自分たちで気づいて、保全の声を上げることのほうが遙かに重要でしょう。

Q　一連のジブリ作品には、自然保護という共通のメッセージが感じられるのですが。

宮崎さん　そういうことを居丈高に話していた時期もあったけど。今はもう、それはしない。貴重な植物だ、だからそれを守ろうなんていうと、逆にそこが注目されて、盗まれちゃうこともあるんです。守ろうとして囲ったりすると、却ってそこが狙われてしまう。難しいですよ。

僕らはファシストじゃないから、これをやるな、あれをやれなどと、うるさいことはいわない。正義の味方にならないように気をつけないと。俺が正しくてお前が間違っているというふうに、決めつけないことが大切です。インタビューで立派なことをしゃべっても、「そりゃ、そうでしょう」と思われて終わるだけ。

半径三〇〇メートルぐらいのことに責任を持つ、という姿勢が重要。それが一番いい生き方だと思う。自分の周囲で守るべき自然を見つけ、保全の声を上げる。それだけでなく、お金を出すこともやはり重要。誰かがまずお金を出す。何人かでもお金を出してそれを核に資金を増やし、緑を買う元にする。それをやらなければ始まりません。時代は我々に見方している。

開発して何とか儲けたい人はいるけど、都市は膨張させるものという理屈はもう通じません。そうした発想を転換しないといけない。都市が縮小していくときに、どうやって上手にその縮小に合わせていくのか、そのやり方を本当に考えないといけない。都市の縮小は、すでにアメリカ、ドイツなど、いろんなところで経験してますよ。東京も早晩そうなる。人口減を何とか先延ばししようとする努力がことごとく潰えるわけで。実際に縮小したときにどうやって豊かに暮らしていくのか、その再建策を、それぞれの地域に合わせて具体的に創り上げなきゃならないんです。

スタジオジブリがある小金井市［東京］もそう。高齢化が進んで空き家がずいぶん増えている。これがこれから先どうなるのか。新しい道路はもう要りません。基本的に道路が増えて便利になることなんて、周りの誰も望んでいないですよ。特に高齢者は。静かに暮らしたいと。あの大都市名古屋だって人口は増えませんよ。開店休業の店をどうやってたたんでいくか。昔の盛り場からデッドスペースが広がっていく。僕の地元の店もどんどん潰れている。みんな大型店に行ってしまうから。だから頑張っている和菓子屋さんで沢山買って、周りに配っている。あちこちに建て売り住宅は増えているけど、付加価値が落ちていくのは目に見えている。だから不動産業者はそこから何とか売り逃げしようとしている。行政は人口を増やそうとして何次計画とか立てるけど、失敗してついに諦めるときが来るでしょう。早く諦めて、次に進みなさいといってもいいくらいです。

あんまり大きなことをいってもしょうがないですよ。だから地元では、半径三〇〇メートルに責任を持とうと呼びかけているんです。僕たちは同心円状に生きている。本来は点と線では生きていけないんです。

責任を持つとは、半径三〇〇メートル圏内で自分のフィールドを見つけましょうということ。自分の家の近所とか。

地元の「淵の森」についても、外から誰かを年に一回呼んで何かをするというんじゃなくて、毎日ここを通る人がこつこつと保全活動するのが一番いい。僕もここの雑木林には子どもを遊ばしたり、犬の散歩に出かけたりと、昔からずいぶん世話になってきた。吸い殻も沢山捨ててきたけど。今は罪滅ぼしで拾ってます。死ぬまで拾っても足りない量を捨ててきたかもしれない。これからは、以前からあった植生をきちんと残して次世代につないでいこうと思ってます。あと、ここは暗くて怖くて危ないという印象を持つ地元の人もいて、街灯をつけてほしいといわれたことがあります。でも、実は真っ暗なほうが痴漢は出ない。明るいほうが危ないんですけどね。

COLUMN

コラム⑤　新しい生き方を提案する「ジブリパーク」

昭和時代に愛知県内で小・中学生だった人たちには遠足の定番地（旧、青少年公園）とされ、二〇〇五年には「愛・地球博」（愛知万国博覧会）の会場として内外から多くの人たちが訪れた愛知県長久手市の「愛・地球博記念公園」。この公園内に二〇二二年一一月一日、「ジブリパーク」が開園した。愛知万博のときに、ジブリアニメ『となりのトトロ』の主人公サツキとメイの家が公園内に再現され人気を呼んだ。こうした縁もあって、スタジオジブリと愛知県、中日新聞が共同で、ジブリ作品の世界観を体感できる「ジブリパーク」を造ることになった。

先のインタビューにある通り、宮崎駿監督は、自然保護や環境保全について鋭敏な感覚を持った人である。ジブリ作品の『平成狸合戦ぽんぽこ』はマンション建設とタヌキたちの戦いである。『千と千尋の神隠し』に登場する川の神「腐れ神」は、当初、ヘドロの化け物として描かれるが、呑み込んでいた古自転車や壊れたテレビなど大量の河川廃棄物を吐き出して元の神に戻っていく。ジブリ作品は、ストレートに環境保全を訴えることはないが、映画を観終わってから、観賞者それぞれに自分たちのライフスタイルへの問い返しをどこかで感じさせるものが多い。そうしたジブリ作品の世界観を体感できる「ジブリパーク」は、世界中の多くの人たちに親しまれていくことだろう。

起工式間もない二〇二〇年八月、現地を訪れた。万博のときに敷設されたリニアモーターカーに乗って周辺地帯を一望すると、愛知県東部によくこれだけの広さの森林が残されてきたものだと改めて驚いた（公園総面積約一九四ヘクタール〔東京ディズニーランドの約三・八倍〕、内ジブリパーク約七・一ヘクタール〔東京ドームの約一・五倍〕）。ここはオオタカなどの希少動物が生息するエリアでもある。私有地もあれば、公有地もあると思うが、訪れた人々がこうした森林エリアにどういう形で親しむことができるか、「ジブリパーク」を核として構想を広げていくことは非常に重要だ。

全国各地に点在する森林エリア、雑木林エリアを地元の人々がいかに守っていくか、「ジブリパーク」の試みがその未来型モデルとなって内外に広く評価されていくためにも、知恵を絞らねばならない。

3 ミランダ・シュラーズ先生の提言「民主的な意思決定と緑の遊び場づくり」

第二章で紹介したミランダ・シュラーズ先生（現、ミュンヘン工科大学総合政策学部教授）は、日本のエネルギー政策に最も詳しい欧州の研究者の一人として、東京電力福島第一原発事故直後の二〇一一年四月四日から五月二八日まで、ドイツ政府が設けた諮問機関「安全なエネルギー供給に関する倫理委員会」（通称「脱原発倫理委員会」）の委員を務めた。この委員会の答申に基づき、ドイツは国内に一七基ある運転可能な原子炉を二〇二二年末までに全廃することを決定した（本書一九～二〇頁参照）。

メルケル政権下、ドイツ「脱原発倫理委員会」の委員としてドイツ脱原発の理論的支柱となったミランダ・シュラーズ教授（2013年、ドイツ・ベルリン市内のホテルで）

二〇二一年四月、米国のバイデン大統領が主導した「オンライン気候変動サミット」をきっかけに、コロナ禍で停滞していた温暖化対策の再建に向け、世界全体が大きく舵切りを始めたように見える。一方、岸田文雄首相が看板に掲げた「二〇五〇年カーボンニュートラル」（二〇五〇年までに温室効果ガス排出を全体としてゼロにする）を目玉とするエネルギー政策は、官僚主導で大きな資金が動く事情もあり、あちこちで不協和音が起きている。[3]

長く日本に留学した経験を持ち、原発事故後も福島県をはじめ日本の多くの地域に足を運んできたミランダ先生は、気候変動の専門家として日本の温暖化対策の実情をどう見ていたのだろうか。福島の事故が起きる前の二〇〇九年、ドイツ留学中の私に、ミランダ先生は次のように語っている。「日本ではトイレの暖房便座で家庭のエネルギー全体の四％を消費しています。夏には必要がないのに電源は一年じゅう入ったまま。こうした小さな無駄をなくし、太陽光発電や小型風力発電を各家庭に普及させれば、CO_2削減に大きく貢献できるはずです。日本は一九七〇年代、ホンダの新型車シビック（ＣＶＣＣ）が、達成不可能といわれた米国の厳しい排ガス規制をクリアし、米国へ輸出することができました。[4] 高いハードルは産業界の負担になるとよくいわれますが、ホンダの事例は、むしろそれが技術革新の弾みになることを証明したのです」。

二〇二二年九月、ベルリンでミランダ先生と研究の打ち合わせをした折には、ウクライナ侵攻を懸念しながら、加速する近年の地球温暖化についてこう述べている。「今後は世界人口のさらなる激増によって、CO_2の排出量も並行して増え続けるでしょう。今の状況が無策のうちにこのまま続けば、二一〇〇年頃には世界の平均気温が三～五℃度上がる。〔…〕新型コロナなどの感染症は温暖化と密接な関係にあります。私たちは今回のコロナ禍を温暖化防止の観点から改めて捉え直し、ライフスタイルの転換を進めていかなければなりません」。

ところで、先に触れたドイツの「脱原発倫理委員会」は当時、「安全なエネルギー供給」に関わる国家の意思決定を民主的な方法で行うため、約二カ月の間にわたり、朝から晩まで市民との公開討論会を続けた。その模様はテレビでも中継され、約一五〇万人が視聴した。このプロセスを経て、同委員会は、再生可能エネルギーの拡大と効率向上を目指す具体的なロードマップを作成し、全原子炉を一〇年以内に稼働停止するよう政府に勧告、政府はこれを受け入れた。

ミランダ先生によると、ドイツでは、新薬の認可など新技術を導入する際は、専門家だけで決めるのではなく、宗教家や哲学者も加わった倫理的な議論を最重視する伝統がある。そこに市民も多様な形で参加する。これは様々な意思決定を経済成長戦略と直接結びつけるイギリス型の実利主義とは対照的やり方だ（本書第二章7・8節参照）。

では、日本の意思決定の在り方はどうか。そこに議論のプロセスや市民の参加はあるだろうか。欧米と同様、日本にも、公的政策の決定に際しては原案を公表し、国民に意見を求め、それを考慮して国が意思決定を行うパブリック・コメント（国民への意見公募）という制度がある。ただ、押し並べて「形式的な手続き」の域を出ず、実のある国民的議論の場を形成しているとはいい難い。

今回の岸田首相の「看板政策」を見ても、バイデン大統領の意向を忖度しながら唐突に「カーボンニュートラル」を宣言し、官僚主導のもとで経済界がばたばたとこれに追随しているというのが実情である。日本はアジア・太平洋戦争において、天皇直属の「大本営」が国家の意思を決定し、国民生活全般を管理してきた。今日の状況は、意思決定の根源が米国の大統領に代わっただけで、「国民不在」の点ではまったく同じではないのか。沖縄・辺野古新基地建設然り、原発再稼動然り、安全保障関連諸法（二〇一五年）然り、そしてこの度の岸田政権による「敵基地攻撃（反撃）能力の保有」「増税を伴う防衛予算の倍増計画」の閣議決定（二〇二二年一二月）、さらには「原発の再稼働・六〇年超の延長運転・新増設、廃炉原発の建て替え（リプレース）」等の閣議決定（二〇二三年一月）然り。日本では国民・市民不在の意思決定がまかり通っている。

ミランダ先生は、東日本大震災のとき、東北地方全体で送電網が寸断された当時の状況に触れ、日本には自治体や地域単位で発電・送電を可能とする小規模な自立型システムが必要だとした上で、「その在り方の議論に市民が幅広く参加することで、再生可能エネルギーは民主的なエネルギーとなる」と強調する。また、官僚の意思決定の在り方、方向性についてはこう疑問を呈する。「まず官僚は今のシステムの中で効率性ばかりを追っていてはダメ。もっとダイナミックにパラダイムシフト［固定観念からの脱却］を図らねばなりません。今後、日本の人口はどんどん減少する。生産性は低下していく。そうした条件の中でどのように低炭素社会をシステムとして築き、人々の生活を豊かにしていくか。今までのような経済成長の考え方では対応できないと思う」。

では、どのようにすればそうした社会システムを築くことができるのか。ミランダ先生はズバリ、こう提言する。「未来を担うのは、当然子どもたち、未来世代です。大切なのは、子どもたちが理想の街、社会をどう思い描いているかです。そこにかかっています。日本のほとんどの子どもは、日常、自然に親しんでいないのではないでしょうか。住んでいる地域自体がそういう環境になっていない。住環境を変革していくには、少なくとも数十年先を見据えた都市計画が欠かせません。技術革新と同時に重要なのは、子どもたちが身近に自由に遊べる緑あふれる街を、大人たちが創ることです。豊かな自然体験の中で、豊かな感性を体得し、豊かな未来を展望できる子どもたちを育てることが、実はパラダイムシフトへの一番の近道なのです」。

これは、ベルリンをはじめドイツの街づくりの根幹にある理念ともいえるだろう（本書第二章5節参照）。

あなたが住んでいる街はいかがだろうか。子どもたちが伸び伸びと遊べる「緑の場」はどれくらいあるだろうか。場があったとしても、塾通いで遊ぶ時間もなく、「息抜き」はスマホいじり、という子どもたちがますます増えているかもしれない。成績を上げて、評判のよい大学、給料の高い会社に入るのが子ども（親）たちの「夢」だとしたら、そうして育つ子どもたちにとっての「理想の社会」とはどのようなものになってしまうのか。

気候変動対策を真に実効性あるものにするには、ミランダ先生がいうように、民主的な意思決定と、緑の遊び場づくりが大きな鍵となるかもしれない。議論の核心はまさにここにあるように思える。

4 地震で消えた謎の「鯛の島」

「気候変動問題を巡る取材の旅」をテーマにした本書もいよいよエンディングに入った。一記者としてこれまで沢山の人々や出来事と出会い、気候・環境問題の「真実」に私なりに向き合ってきたつもりだが、最後に、こうした私の「取材の旅」の出発点となった目崎茂和先生（三重大学人文学部名誉教授）との出会いについて触れておきたい。第四章1節でもご登場いただいた目崎先生は、私に気候・環境問題に関する多くの気づきを与えてくださった方で、考古学にも詳しく、水中考古学の「秘められた伝説」の謎解きに挑んだアクチュアルな研究者として知られている（後述）。

目崎先生との出会いは一九九一年の春に遡る。当時、私は中日新聞三重総局に着任し、県警担当となったが、すでに趣味としていたダイビングを通じて海洋環境問題関連の取材につなげようと考えていた。三重大学生協の書店で、海洋関連の研究者の著作を探していたところ、店員の方に、琉球大学から三重大学に異動されていた目崎先生（当時、同大学教授）のサンゴ研究書を教えていただいた。

目崎先生は琉球大学の教員時代、石垣島白保サンゴ礁保全問題にも取り組まれていたようだ。世界自然保護基金（ＷＷＦ）日本委員会の評議員として、同島海域に生息するアオサンゴの世界的希少性を指摘するとともに、学術的側面から世論を喚起し、計画途上だった新石垣空港の沿岸部での建設を中止に追い込んだ経験を持つ（新石垣空港は二〇一三年、内陸部に建設されている）。

三重総局時代、その目崎先生に誘われて取り組んだ大きな取材に、伊勢志摩沖に沈んだとされる「鯛の島」の学術調査がある（一九九四年一一月）。

「鯛の島」とは、三島由紀夫の小説『潮騒』の舞台となった三重県鳥羽市・伊勢湾口の小島、神島沖にある岩礁を指す。同県志摩地方の歴史地誌『鳥羽誌』（明治四四［一九一一］年発行）には、「伝え云う往昔此地神島と陸路相通ぜしが、海嘯《かいしょう》［津波］のため、土地壊裂して孤島となる。故にもと絶えの島と称す。此礁鯛を産すること夥《おびただ》し、故に今の名あり」（伝説によると、中世、ここは島があり集落もあったが、大地震による津波で沈み、人が絶えた。この「絶えた島」の海で、その後、鯛がよく釣れるようになったことから、言葉が転じて「鯛の島」と呼ばれるようになった）との記述がある。実際に沈んだ時期について、中田四朗・元三重大学教授（郷土史）は、「この地元郷土誌［『鳥羽誌』］によれば、右の記述は享保年間〔一七一六〜三六年〕の『鯛の島旧記』からの引用だが、この記述箇所の後に天正六年寅年（一五七八年）との日付が付いていることから、この年が有力ではないか」と説明する。このほか天文六（一五三七）年説もある。[5]

この伝説は本当なのか。目崎先生を団長とする調査団が謎に取り組むこととなった。国内でなされた沈んだ島の調査としては、島根県沖で柿本人麻呂（七世紀後半〜八世紀初頭の歌人）が没したと伝えられる「鴨島」（鴨山）を国際日本文化研究センターの梅原猛所長（当時）が一九七七年に実施した例がある。梅原氏に「鯛の島」の調査について取材すると、「今まで島が沈んだという民間伝承が、科学的に証明された前例はない。大変面白く野心的な考えで、もし証明されれば、地質学、地震学、民俗学の中で大変な発見となる。応援したい」[6]との言葉をいただいた。

ダイビングの技術的支援は、名古屋市大曽根にある「鈴木ダイビング」の鈴木勝美会長が担当。最新鋭のダイビング用クルーズ船「テニアン号」で挑むことになった。調査団には目崎先生のサンゴ研究仲間である日本自然保護協会・中井達郎研究部長、目崎先生のご子息・拓真氏（現、高知県・黒潮生物研究所所長）、三重大学目崎研究室の斎藤出君、さらに駒澤大学や東北大学からも研究者が参加し総勢一八人が集結、神島の旅館を拠点に調査を開始することとなった。

しかし、実際にやるとなると大変な準備、調整が必要だった。最も難儀したのは、調査を行う船舶、潜水器具等の調達である。また、鳥羽の島々の中でも中核的な位置を占めていた神島漁協の許可も取りつけねばならないし、海上保安庁との調整も必要だった。

幸いにも資材面では鈴木勝美会長にほぼ手弁当で協力いただいた。もし業者に外注すれば数百万円の費用を要し、計画段階で頓挫していただろう。部外者が「潜る」ことを簡単に認めるはずもない神島漁協からも、「実際の海底がどうなっているのか知りたい」と快く許可をいただいた。現場の漁場に詳しい漁師の古老、藤原松之さんの案内のお陰で正確な現場にたどり着くこともできた。

三重県神島南方沖水深約15メートルで、地震で沈んだとされる「鯛の島」の痕跡を調べる三重大学の目崎茂和先生（右から二人目）ら調査隊員。瓦や甕の破片、石積み跡が見つかった。写真提供：中日新聞

中日新聞三重総局の八橋隆之総局長からは「面白い。やってみなさい」と後押しされ、中日新聞社のヘリを使った上空からの事前調査や、潜水調査当日に使用する撮影フィルムの、ヘリによるピックアップなど、取材面でも万全の体制を取ることができた。

神島南方沖、鯛の島礁北部の「瓦瀬《かわらぜ》」と呼ばれる海底を調査したところ、水深一五メートル地点で石積み跡を発見、瓦《かわら》の破片二枚、甕《かめ》の破片一四枚が引き揚げられた。この模様については中日新聞の一面トップで特報した。[7]

引き揚げられた遺物については三重大学の八賀晋教授（考古学）が分析。その結果、素焼の破片は、愛知県常滑地

方で島が沈む前から使われていた大型の水甕《みずがめ》であることがわかった。鮮やかな赤土色をしており、一個の水甕に復元したとすれば、上部の直径が約六二センチ、底部の直径が二七センチ、高さは約七〇センチほどになる。口の周縁部の外側にくびれがなく、内部にくびれがある形状から、戦国時代から江戸時代初期にかけてのものと見られた。

一方、瓦の一部は、寺社の屋根の角の部分に雨除け用として使われていた極めて珍しい江戸時代後期のものと判明した。これは、この岩礁周辺で難破した船の積み荷から落下した可能性もあるとのことだった。

局所的な地震で島が沈むのは、気候変動のような人為的要因による結果ではないとしても、突如として人々の日暮らしの痕跡すら消えて無くなる点では、近年の気候変動による大惨事、たとえば集中豪雨による土石流で山間地区が消滅するといった事態と同じである。「鯛の島」伝説の調査・取材は、人間の営みの儚さをしみじみと感じさせる「旅」として、今も私の心の奥底に深く刻み込まれている。気候変動問題への私たちの取り組みは、日々の暮らしの尊さを「発見」することから始まる。

おわりに——「緑と水」がキーワード

ホモサピエンス（現世人類）登場後の二〇〜三〇万年の歴史の中で、産業革命からわずか二〇〇年かそこらの間に、地球環境は激しく悪化した。気候変動による海水温の上昇、それに伴う大気の不安定化と異常気象、そこから生じる甚大な自然災害。これらすべてが人間活動の結果によるものだとすれば、ここでいう「自然災害」は、実は人為がもたらした「人災」であることが見えてくる。そのつけは、神でも自然でもなく、この地上に生きる人類自身が払わねばならない。

科学者も思想家も宗教家も、世界の市民と手を携えて、この危機を何とか乗り越えようと動き出している。自分たちが努力をすれば、この難局を打開できるかもしれない。しかし、そんな努力でさえも、国家・民族間レベルの利害が絡むと、大国同士、異文化同士が対立し、議論も対策も停滞しがちになっているのが現状だ。そんなときに、新型コロナウイルスという見えない病原体が人類を襲い、さらにはロシアのウクライナ侵攻が人類の未来に暗い陰を落とし続けている。人類の共生どころか、地球生命全体を脅かす悪夢が至るところで生じている。

私たちは何を信じ、どこへ向かっていけばいいのか。科学技術の万能感のもと、あらゆる欲望を貪欲に追求してきたこの二〇〇年の人類の歩みに急ストップがかけられていることだけは間違いない。これから先、あらゆる分野の専門家、宗教家、そして市民が危機打開の処方箋を提案していくだろう。

私も地上に生きる者の一人として、この難題、とりわけ地球環境問題に向き合い、微力を尽くしたいと思っている。私にとって、この問題のキーワードは「緑と水」である。気候変動対策において「緑と水」は、地球規模レベルにおいても日常レベルにおいても最優先で着手すべき課題の一つだと考えている。温室効果ガスを削減するために数値目標を掲げ、化石燃料の消費を減らしていくことはもちろん重要だ。しかし、「減らす」だけではなく「増やす」努力も見過ごしてはならない。緑化を進め、水環境の改善を図っていくこと、すなわち「緑と水」の再生がこれに当たる。

首都圏をヘリ取材で飛行すれば、山のような高層ビル群と川のような高速道路網に囲まれた無機質な灰色の人工物が一面を覆い、地表には緑が圧倒的に少ないことに今さらながら驚愕する。人間の営みにとって、これが理想の環境だとはとてもいえない。利根川、荒川、江戸川、墨田川、多摩川、目黒川、神田川など首都圏には本物の川も流れているし、東京湾の海だってあるが、人間が気軽に水浴びできる水環境にはない。高度な浄化システムを使えば、これらの川の水も水道水となって、生活用水・飲料水・工業用水として利用することはできる。しかし、利用後の生活排水、工業排水やごみの処理にもっと気を配れば、川、海すべての水環境は飛躍的に改善できるはずだ。

CO_2という見えない気体の削減を日々実感することは難しい。しかし、「緑と水」は眼に見えるし、触ることもできる。CO_2を吸収し、酸素を排出する植物と、生命の源である水環境とを一体的に捉える取り組みに光を当てていくこと、いわば「植物と水の共生空間」を増やしていくこと。そうした取り組みを各自治体、地域レベルで私たちの日常活動に取り込んでいくことは、気候変動対策としても決して高いハードルではないはずだ。

そういわれて戸惑う読者がいるとしたら、まずは本文でも触れたように、タワーマンションやショッピングモールに置かれた「植物ディスプレイ」を手で触ってみることから始めてみてはどうだろうか。それは本物そっくりのプラスチック製の花や葉っぱであることが多い。私たちは植物鑑賞においても「フェイク」（偽物）の環境下で生活している。「本物の緑と水」にもっと心を寄せ、私たちの知的営為をすべてそこにリンクさせていけば、暗闇の人類の未来にも、きっと一筋の光明が射すはずだ。

本書の「はじめに」でも書いたように、私は二〇二二年三月に東京新聞の古巣を離れ、同年四月から岩手県立大学総合政策学部で環境政策を担当する「新人」教員として働いている。二〇一一年の東日本大震災では、岩手県の死者、行方不明者は六二五五人（二〇二二年一二月三一日現在）、当大学でも宮古短期大学部の学生二人が行方不明となり、入学予定者一人が犠牲となった。二〇二二年度の新入生は震災発生時、小学校二年生前後。物心がつき始めた頃に起きた出来事だ。震災からすでに一〇年以上が経ち、破壊し尽くされた風景も一変、インフラが進む地元では新たなステージが開かれつつある。しかし、生活・生業再建という本当の意味での復興はまだまだこれからである。学生たちが自ら明るい未来を切り拓けるよう、全力を尽くすことが私の使命だと考えている。

岩手県の西部、岩手山の麓の森という豊かなフィールドに囲まれたキャンパスで、私は学生たちとともに、研究ボランティアサークル「思惟の海の会」を作った。三陸復興国立公園（旧、陸中海岸国立公園）内の農漁村、岩手県田野畑村の海岸には、当大学の「地域政策研究センター」があり、ここを拠点に、「持続可能《サステイナブル》な海づくり」と「村の復興・振興策」を地元の方々と連携し模索するのが目的だ。この村は、五〇年以上にわたり森林育成活動を続けている早稲田大学のサークル「思惟の森の会」の拠点でもある。同会とも連携し、村人と学生との交流を深めながら、「緑（森）と水（海）」の在り方を考えていきたい。私たちの「思惟の海の会」は全学の学生が対象だが、ゼミの活動でも村との連携を深めていくつもりだ。

こうした活動それ自体が、人類の歩むべき道筋を探ることであり、気候変動をはじめとする地球環境問題に正面から取り組む行為であると確信している。ウクライナや中東、アフリカで起きている地域戦争・紛争も、世界の貧困・食糧・エネルギー・人口・都市問題も、すべて地球環境問題と一直線につながっている。真の世界平和づくりは、そのことへの「気づき」にかかっている。

最後に、気候・環境問題の私の取材活動に理解を示し、応援してくださった中日新聞社の諸先輩、同僚、後輩の皆さん、環境省など関係省庁や環境ＮＧＯの皆さん、同じ分野の取材仲間で、楽しいときも苦しいときも常に相談に乗ってくれた日本経済新聞の古谷茂久氏、そして「取材の旅」で出会った尊敬すべきすべての方々に、この場を借りて心からお礼を申し上げたい。オックスフォード大学留学にあたっては、京都議定書採択時、ＣＯＰ３議長だった大木浩 元環境相、小島敏郎 元環境省地球環境審議官に効力抜群の推薦書を書いていただいた。同じくここに記してお礼申し上げたい。

独英留学時代以来、ミュンヘン工科大学のミランダ・シュラーズ教授とオックスフォード大学のリマ・ダポウズ博士には公私ともに多大な恩恵を受けてきた。ミランダ先生からは本書への推薦文として身に余るお言葉まで頂戴した（本書の帯）。お二人には感謝してもし切れない。

また、早稲田大学第一四代総長で、白鴎大学学長も務められた奥島孝康先生には、早稲田大学探検部時代からお世話になり、本書執筆に多大な激励をいただいていた。奥島先生に尻を叩かれながら紙数を重ねていた次第である。ここに記して今一度感謝申し上げたい。

自然写真家・高砂淳二氏には、本書のカバーを飾る「タテゴトアザラシの赤ちゃん」をはじめ、貴重な素晴らしい写真作品でご協力いただいた。筆者のプロフィール写真（本書カバーの袖）も撮っていただいた。そのご厚意と友情に心から感謝申し上げたい。

同じ記者として朝日新聞に勤務する妻、妙子には、家族旅行を取材旅行にしてしまったり、長期の海外出張のため家を空けたりすることなどしばしばで、とても迷惑をかけた。今も岩手に単身勤務している私だが、子どもたちの世話は妻が一手に引き受けている。私事ながら、ここに深い感謝の気持ちを記しておきたい。

この本の出版にあたっては、新評論の編集長山田洋氏の存在なくしてはありえなかった。ドイツ留学前に、出版構想をご相談したのが二〇〇八年。一四年が経過してしまった。編集上も大変なご負担、面倒をおかけした。改めて謝意を表したい。

私のクライメット・ジャーニーはまだまだ続く。

注

●第一章

1（一六頁）「持続可能な開発目標」（ＳＤＧｓ）は、二〇一五年の国連サミットで採択された「二〇三〇年までに持続可能でよりよい世界を目指す国際開発目標」のこと。「誰一人取り残さない」というスローガンを掲げ、一七の目標（ゴール）と一六九のターゲット（具体的取り組み）が策定された。一七のゴールは、「貧困」「飢餓」「保健」「教育」「ジェンダー」「水・衛生」「エネルギー」「経済成長と雇用」「インフラ、産業化、イノベーション」「不平等」「持続可能な都市」「持続可能な消費と生産」「気候変動」「海洋資源」「陸上資源」「平和」「実施手段」。

2（二〇頁）在日ドイツ商工会議所ＨＰ（熊谷徹「メルケル政権、二酸化炭素の大幅削減をめざす気候保護プログラムを発表」『在独ジャーナリスト』二〇一九年一一月）。

3（二四頁）パリ協定では新たに、NF_3（三フッ化窒素）が加わった。半導体、液晶製造時に発生し、対CO_2温室効果比率は一七二〇〇となっている。国連気候変動枠組み条約事務局の決定文書Decision 18/CMA.1 Modalities, procedures and guidelines for the transparency framework for action and support referred to in Article 13 of the Paris Agreement参照。

4（二八頁）環境省ＨＰ「地球環境　気候変動枠組み条約第六回締約国会議（ＣＯＰ６）再開会合（閣僚会合：評価と概要）日本政府代表団」二〇〇一年七月三〇日（最終閲覧日二〇二二年一〇月二四日）。

5（二九頁）気候ネットワーク「資料集　地球温暖化防止　ＣＯＰ３以降の動き　国際編〜京都議定書の発効に向けて」気候ネットワーク発行、二〇〇二年一二月。

6（三〇頁）　経産省出身で、現・東京大学公共政策大学院特任教授の有馬純氏は、ＣＯＰの交渉官を務めた一人であり、二〇一〇年のＣＯＰ16（メキシコ・カンクン）では主席交渉官として「日本はいかなる条件であっても京都議定書の第二約束期間（二〇一三年以降）には参加しない」との立場を初日に表明し、「外国は本当にしたたか。日本が京都議定書に縛られずに済むようになって本当によかった。国を代表する立場で、主席交渉官として最後まで意志を貫きとおすことができたことは自分の誇り」（東京大学HP「経産省官僚から、人を育てる大学人に。「プラグマティック」に地球の未来を考える。――UTOKYO VOICES 047」最終閲覧日二〇二二年一〇月二四日）と語っている。

7（三二頁）パリ協定（本章5節参照）のもとでの排出量取引には、二国間取引のものと、国連管理下による多国間取引のものがある。二〇二二年一一月開催のCOP27（エジプト・シャルムエルシェイク）では、国連管理型の排出量取引について、原子力発電所に起因する削減見込量の扱いを諮問委員会を設けて検討した。ロシアによるウクライナ侵攻で、特にEUを中心にエネルギー事情が激変しており、原発の扱いは、そのデリケートさゆえに協議が継続されることとなった。

8（三二頁）外務省HP「地球環境　気候変動枠組み条約第六回締約国会議（COP6）再開会合（閣僚会合：概要と評価）」二〇〇一年七月二三日（最終閲覧日二〇二二年一〇月二四日）。

9（三三頁）川口順子環境相は、COP7について日本国の全権を持って臨んでいた。川口環境相と小泉首相との機中協議については、COP7開催の数年後、非公式な懇談の席で筆者が個人的に伺ったもの。日本からモロッコへ向かう機中、機内電話で打ち合わせをしたとのことだった。

10（三五頁）他国のNGOにも、行政のアウトソーシング（外部委託）機関として機能している側面がないわけではない（江澤誠『地球温暖化問題原論―ネオリベラリズムと専門家集団の誤謬』新評論、二〇一一年、一八五〜一九五頁）。

11（三五頁）「COP13　政府方針［京都］の名残せるか」東京新聞、二〇〇七年一一月二四日夕刊。

12（三五頁）NGOの報道誘導活動については、世界自然保護基金（WWF）ジャパンの小西雅子氏が自著『気候変動政策をメディア議題に―国際NGOによる広報の戦略』（ミネルヴァ書房、二〇二二年）の中で詳細に記している。

13（五〇頁）二〇二三年二月一日現在、美浜原発三号機のほか、関西電力大飯原発三・四号機、高浜原発三・四号機（いずれも福井）、九州電力川内原発一・二号機（鹿児島）、玄海原発三・四号機（佐賀）、四国電力伊方原発三号機（愛媛）の計一〇基が再稼動している。

14（六八頁）毛利衛さんへの取材は、二〇〇七年頃、「地球発熱」という東京新聞の企画において、毛利さんが当時、館長を務めていた日本科学未来館（東京・江東区）で行ったもの。

15（六九頁）今田由紀子「気候モデルを用いた短期気候変動予測研究および極端気象に対する温暖化寄与推定の研究」日本気象学会機関紙『天気』68巻4号、二〇二一年。

●第二章

1（八四頁）二〇二二年九月一〇日に採取したこの湖の湖水水質は、濁度一・八、化学的酸素要求量（ＣＯＤ）一二・八、塩化イオン九一・四、硫酸イオン一六六・五、ナトリウムイオン五二・四、カルシウムイオン八七・一＝いずれもmg／L（分析：岩手県立大学の辻盛生教授［水環境学］）。地質の影響による硬水が水源であり、湛水する湖のため植物プランクトンによる内部生産によりＣＯＤ値が高い値を示したと考えられる。日本の環境省の水浴場水質判定基準では「不適」と判定される。

2（九七頁）You Tube Video filmed by Maline Conservation Biologist Chistine Figgener, PhD.A research team led by Cristine Figgener（Texas A&M University）.（最終閲覧日二〇二三年八月二八日）。

3（一一二頁）Greenhouse Gas Emissions from Local Authority own estate and operations Reporting year 2018-19 Oxford City Council.

4（一一五頁）https://www.oxford.gov/ uk/downloads/download/552/carbon_manegement_strategy

●第三章

1（一三〇頁）外務省「いわゆる『密約』に関する有識者委員会報告書」二〇一〇年三月九日。

2（一四〇頁）「平成二二［二〇一〇］年度協力相手国調査　ミクロネシア連邦　ナン・マドール遺跡現状調査報告書」文化遺産国際協力コンソーシアム、二〇一一年三月。

●第四章

1（一五二頁）「『復帰50年』沖縄、進んだ基地集中、いちからわかる、沖縄の復帰50年」朝日新聞、二〇二二年五月一五日朝刊。

2（一五三頁）二〇〇三年六月の環境省による平成一五年度第一回「ジュゴンと藻場の広域的調査手法検討会」取材に基づく。

3（一五六頁）「普天間移設予定地　辺野古沖ルポ　豊穣の海　傷跡無残」東京新聞（こちら特報部）、二〇〇四年一二月二五日朝刊。

4（一五九頁）"More Plastic than Fish in the Ocean by 2050: Report Offers Blueprint for Change", WORLD ECONOMIC FORUM, 19 jan., 2016.

5（一六六頁）尾島俊雄「異議あり！臨海副都心」岩波ブックレット（NO.247）岩波書店、一九九二年。

6（一六八頁）「品川区　脱ヒートアイランド　東京ウォール対策」東京新聞（こちら特報部）、二〇〇四年六月一九日朝刊。

7（一六九頁）「ゲリラ豪雨　発生源に？　風も資源、アセス必要」東京新聞（こちら特報部）、二〇〇四年六月一九日朝刊。

8（一七二頁）「平成三〇年　みどり率の調査結果について」東京都環境局自然環境部計画課、二〇一九年九月二四日。

9（一七二頁）「原科幸彦・東工大教授に聞く　緑の復権　都市再生を」東京新聞、二〇〇七年一〇月五日朝刊。

●第五章

1（一七八頁）初出、「地球発熱」東京新聞、二〇〇八年六月二二日朝刊。一部修正。

2（一八五頁）『熱風』スタジオジブリ、二〇一一年八月号。

3（一九六頁）岸田首相の「カーボンニュートラル」施策では、原子力発電がCO_2を排出しないエネルギーとして重視されている。経産省、経団連はこの方針を強く掲げており、福島第一原発の汚染水を海に投棄する問題も合わせ、原発反対派から批判が起きている。

4（一九六頁）米国の上院議員エドマンド・マスキー氏が提案した大気浄化法の改正案（マスキー法、一九七〇年）は、一九七六年以降に製造する車は一九七〇年製造の車の大気汚染物質を一〇分の一に削減しなければならないという内容だった。ホンダはCVCCエンジンの開発で世界で初めてこの基準をクリアする車を完成させた。

5（二〇二頁）「海の博物館」（三重県鳥羽市）の縣拓也学芸員によると、「鯛の島」沈没については『志摩郡史（鳥羽誌）』（明治四四［一九一一］年）の中に記述があり、同書と『志摩国旧地考』（明治一六年［一八八三］年）は一九七五年に合冊として復刻されているという。また、『鯛の島旧記』は享保七（一七二二）年に書かれたもので、原本は行方知らずとなっており、神島の八代神社に明治二一（一八八八）年に写本したものが所蔵されている。この中の記述には、沈んだとは書かれていないが、「鯛の島」にあった長嶋村が天正六（一五七八）年の大地震で壊滅、知多半島（愛知県）の内海付近に移り住んだと記されているという。いずれも伝承記としての位置づけとしている。

6（二〇二頁）一九九四年一一月、「鯛の島」学術調査前に国際日本文化研究センターに電話して、梅原猛氏（一九二五〜二〇一九年）にコメントをいただいた。

7（二〇三頁）「地震、津波で四五〇年前水没　伝説の鯛の島　瓦や石積み跡　伊勢湾口神島沖　三重大など潜水調査」中日新聞、一九九四年一一月二九日朝刊。

2022	COP27（エジプト・シャルムエルシェイク） 発展途上国が被る「気候変動の悪影響に伴う損失と損害」（干ばつ、洪水、海面上昇など）への新たな基金の設立を盛り込んだ成果文書の内容がまとまり、次回 COP28での採択を目指すことで合意。
2023	COP28（アラブ首長国連邦・ドバイ）予定

2010	COP16（メキシコ・カンクン） 2050年までに世界規模での温室効果ガスの排出を大幅削減することに合意。「京都議定書」の第2約束期間（2012年以降）の協議継続を決定。
2011	COP17（南アフリカ共和国・ダーバン） **米国、中国も入った2020年以降に向けた新たな法的枠組みを協議する場**として、作業部会「ダーバン・プラットホーム」の設立を決定。**日本、「京都議定書」の第2約束期間に不参加を表明（議定書からの事実上の離脱）**。
2012	COP18（カタール・ドーハ） 「ダーバン・プラットホーム」の2013年からの作業計画を決定。「京都議定書」の**第2約束期間、2013年から2020年までと定める**。
2013	COP19（ポーランド・ワルシャワ） 各国に CO_2 排出削減の自主目標作成が求められる。
2014	IPCC、第5次評価報告書を公表 COP20（ペルー・リマ）
2015	COP21（フランス・パリ） 地球の気温上昇を、産業革命当時の気温に比べて2℃未満、可能なら1.5℃以内に抑える目標を明記した「**パリ協定**」が197カ国とEUによって**採択、署名**。温室効果ガス排出削減国として、米国などの先進国とともに、中国、インドなど発展途上国も加わる。
2016	**「パリ協定」発効** COP22（モロッコ・マラケシュ）
2017	COP23（ドイツ・ボン）
2018	COP24（ポーランド・カトヴィツェ） COP23で議長国となったフィジーのジョサイア・バイニマラマ首相が掲げた言葉、「タラノア対話」（すべての人々が全体を見据え透明性のある自由な対話をすること）をもとに「パリ協定」の長期目標を達成することが政治交渉の在り方として示された。
2019	**米国、「パリ協定」から離脱** COP25（スペイン・マドリード） 「パリ協定」の運用ルールが協議されたが具体的な結論出ず。
2020	COP26（イギリス・グラスゴー）延期 新型コロナウイルスの世界的な感染拡大の影響による。
2021	**米国、「パリ協定」に復帰** IPCC、第6次評価報告書を公表 COP26（イギリス・グラスゴー） **「パリ協定」運用ルール、採択**

1998	COP 4（アルゼンチン・ブエノスアイレス）
1999	COP 5（ドイツ・ボン）
	＊ボンには国連の気候変動枠組み条約事務局が置かれている。
2000	COP 6（オランダ・ハーグ）
	「京都議定書」の運用ルールを協議したが、まとまらず決裂。
2001	IPCC、第3次評価報告書を公表
	米国とオーストラリア、「京都議定書」から離脱
	COP 6 再開会合（ドイツ・ボン）
	オランダのプロンク環境相の尽力で、決裂の議論が収まる。
	COP 7（モロッコ・マラケシュ）
	「京都議定書」の運用ルールまとまる。日本政府代表は川口順子環境相。
2002	持続可能な開発に関する首脳会議（ヨハネスブルク・サミット／南アフリカ共和国）
	アフリカ諸国を中心とした最貧国からの資金援助要求で紛糾。
	日本、「京都議定書」批准
	COP 8（インド・ニューデリー）
	イギリス、温室効果ガスを市場で売買する排出量取引制度を開始
2003	COP 9（イタリア・ミラノ）
	米国・シカゴ、温室効果ガス排出量取引市場を開設（2010年に閉鎖）
2004	COP10（アルゼンチン・ブエノスアイレス）
2005	COP11（カナダ・モントリオール）
	「京都議定書」発効
	EU、温室効果ガス排出量取引市場を開設
2006	COP12（ケニア・ナイロビ）
2007	IPCCと米元副大統領アル・ゴア氏、ノーベル平和賞を受賞
	IPCC、第4次評価報告書を公表
	人為的なCO_2排出量を2000年比で、2050年までに50％～85％削減しなければ、地球の温室効果ガス濃度は安定しないと指摘。
	COP13（インドネシア・バリ）
	「京都議定書」での取り組みと、米国なども入ったもう一つの取り組みの二つの枠組みの議論が始まる。
2008	先進8カ国首脳会議（北海道洞爺湖サミット）
	2050年までに、世界の温室効果ガス排出量を50％削減する目標を首脳宣言とすることで合意。
	COP14（ポーランド・ポズナニ）
2009	COP15（デンマーク・コペンハーゲン）
	米国のオバマ大統領も加わり、「京都議定書」に代わる、中国など発展途上国も加わった新たなルールづくりを試みるも成立せず。

年表・気候変動対策に向けた国際交渉の流れ

西暦	主な動き
1979	第1回世界気候会議（スイス・ジュネーブ） ジュネーブで世界気候機関（WMO）総会が開かれ、世界気候計画を採択。各国に対し、人の影響による気候変動予測と防止を求めた。
1985	フィラハ会議（オーストリア・フィラハ） フィラハでWMOと国連環境計画（UNEP）が地球温暖化の国際会議を共催。21世紀後半に、地球の平均気温が上昇し人類に重大な影響を与えると声明。
1988	トロント会議（地球大気の変動に関する国際会議／カナダ・トロント） カナダ政府の呼びかけで、トロントで46カ国の政治家、科学者が地球温暖化会議を開催。2005年までに、CO_2排出量を1988年レベルから20%削減を勧告。 気候変動に関する政府間パネル（IPCC）、UNEPとWMOが共同で創設 地球の気候変動の評価と科学的知見の発表が任務。
1990	第2回世界気候会議（スイス・ジュネーブ） IPCC、第1次評価報告書を公表 人為的な温室効果ガスの生態系への影響の深刻化に警鐘を鳴らし、国連が主導して対策に取り組む必要性を強調。
1992	**国連環境開発会議**（地球サミット／ブラジル・リオデジャネイロ） **国連気候変動枠組み条約、採択**（155カ国が署名）
1993	日本、環境基本法を制定 それまでの公害対策基本法、自然環境保全法に加え、国際的な視点を備えた新たな環境政策を示す基本法として制定。
1994	**国連気候変動枠組み条約、発効**
1995	国連気候変動枠組み条約第1回締約国会議（COP 1／ドイツ・ベルリン） COP 3までに先進国の温室効果ガスの削減目標を定める議定書を作ることが決定。議長は、その後、首相に就任するアンゲラ・メルケル環境相。 IPCC、第2次評価報告書を公表
1996	COP 2（スイス・ジュネーブ）
1997	COP 3（京都） 温暖化問題への初めての国際的取り組み「**京都議定書**」**採択**。先進国に対し1990年比で法的拘束力を持つ温室効果ガスの削減数値目標が決められる（日本6％、米国7％、EU 8％など）。発展途上国に削減義務なし。 **第1約束期間は2008年から2012年まで**。目標達成手段として京都メカニズム（共同実施［JI］、クリーン開発メカニズム［CDM］、排出量取引）が盛り込まれる。議長は大木浩環境庁長官。

著者紹介

蒲敏哉（かば・としや）

1962年名古屋市生まれ。早稲田大学教育学部社会科社会科学専修卒業。同大探検部時代は、未知の山岳民族・洞窟探査のためインドネシア領イリアンジャヤ（ニューギニア島西部）へ遠征。中日新聞（東京新聞）に入社（1987年）し、社会部で警視庁捜査一課担当、事件遊軍キャップ。パプアニューギニアの津波被害（1998年）、オーストリア・カプルンでのケーブルカー火災（2000年）、スマトラ島沖巨大津波地震（2004年）などを取材。環境庁の省昇格（2001年）に伴い環境省を担当。地球温暖化対策に向けた国連気候変動枠組み条約締約国会議、国連生物多様性条約締約国会議など多数の国際交渉を取材。2008～2009年、オックスフォード大学ロイター・ジャーナリズム研究所ジャーナリストフェロー、ベルリン自由大学環境政策研究所客員研究員。東京新聞特別報道部デスク、宇都宮主幹支局長、東京新聞社会部ニュースデスク長の後、2022年３月退職。同年４月から岩手県立大学総合政策学部教授（環境政策、環境ジャーナリズム）。日本記者クラブ会員。

クライメット・ジャーニー
――気候変動問題を巡る旅　（検印廃止）

2023年４月10日　初版第１刷発行

著　者　蒲　敏哉
発行者　武市一幸

発行所　株式会社 新評論

〒169-0051 東京都新宿区西早稲田3-16-28
http://www.shinhyoron.co.jp

TEL 03（3202）7391
FAX 03（3202）5832
振替 00160-1-113487

定価はカバーに表示してあります
落丁・乱丁本はお取り替えします

装幀　山田英春
印刷　フォレスト
製本　中永製本所

ISBN978-4-7948-1233-9
Printed in Japan